国家出版基金项目
NATIONAL PUBLICATION FOUNDATION

民机先进制造工艺技术系列

主 编 林忠钦

民用飞机自动化装配系统与装备

Civil Aircraft Automatic Assembly System and Equipments

张 平 罗水均 等编著

上海交通大学出版社
SHANGHAI JIAO TONG UNIVERSITY PRESS

内容提要

本书阐述了民用飞机自动化装配系统与各种装备系统、装备的基本工作原理与关键技术，涵盖民用飞机装配协调体系、数字化工艺设计和公差设计、柔性装配工装设计、自动化制孔仿真与离线编程、自动钻铆工艺技术、柔性装配生产线规划等内容，并重点讲述了部分系统的应用要点和应用实例。

本书可供高等学校、科研院所以及相关行业从事自动化装配的研究生、科技工作者与工程技术人员使用，也可供从事飞行器设计与制造的相关科技人员参考。

图书在版编目（CIP）数据

民用飞机自动化装配系统与装备/张平等编著. —上海：
上海交通大学出版社，2016
（大飞机出版工程）
ISBN 978 - 7 - 313 - 16440 - 7

Ⅰ.①民…　Ⅱ.①张…　Ⅲ.①民用飞机—装配（机械）
Ⅳ.①V262.4

中国版本图书馆 CIP 数据核字（2016）第 312043 号

民用飞机自动化装配系统与装备

编　　著：张　平　罗水均　等
出版发行：上海交通大学出版社　　　　　　　　地　　址：上海市番禺路 951 号
邮政编码：200030　　　　　　　　　　　　　　电　　话：021 - 64071208
出 版 人：郑益慧
印　　制：苏州市越洋印刷有限公司　　　　　　经　　销：全国新华书店
开　　本：787mm×1092mm　1/16　　　　　　印　　张：12.25
字　　数：229 千字
版　　次：2016 年 12 月第 1 版　　　　　　　　印　　次：2016 年 12 月第 1 次印刷
书　　号：ISBN 978 - 7 - 313 - 16440 - 7/V
定　　价：80.00 元

大飞机出版工程

丛书编委会

总主编

顾诵芬（中国航空工业集团公司科技委副主任、中国科学院和中国工程院院士）

副总主编

金壮龙（中国商用飞机有限责任公司董事长）

马德秀（上海交通大学原党委书记、教授）

编　委（按姓氏笔画排序）

王礼恒（中国航天科技集团公司科技委主任、中国工程院院士）

王宗光（上海交通大学原党委书记、教授）

刘　洪（上海交通大学航空航天学院副院长、教授）

许金泉（上海交通大学船舶海洋与建筑工程学院教授）

杨育中（中国航空工业集团公司原副总经理、研究员）

吴光辉（中国商用飞机有限责任公司副总经理、总设计师、研究员）

汪　海（上海市航空材料与结构检测中心主任、研究员）

沈元康（中国民用航空局原副局长、研究员）

陈　刚（上海交通大学原副校长、教授）

陈迎春（中国商用飞机有限责任公司常务副总设计师、研究员）

林忠钦（上海交通大学常务副校长、中国工程院院士）

金兴明（上海市政府副秘书长、研究员）

金德琨（中国航空工业集团公司科技委委员、研究员）

崔德刚（中国航空工业集团公司科技委委员、研究员）

敬忠良（上海交通大学航空航天学院常务副院长、教授）

傅　山（上海交通大学电子信息与电气工程学院研究员）

民机先进制造工艺技术系列

编 委 会

主 编

林忠钦（上海交通大学常务副校长、中国工程院院士）

副主编

姜丽萍（中国商飞上海飞机制造有限公司总工程师、研究员）

编 委（按姓氏笔画排序）

习俊通（上海交通大学机械与动力学院副院长、教授）

万 敏（北京航空航天大学飞行器制造工程系主任、教授）

毛荫风（中国商飞上海飞机制造有限公司原总工程师、研究员）

孙宝德（上海交通大学材料科学与工程学院院长、教授）

刘卫平（中国商飞上海飞机制造有限公司副总工程师、研究员）

汪 海（上海市航空材料与结构检测中心主任、研究员）

陈 洁（中国商飞上海飞机制造有限公司总冶金师、研究员）

来新民（上海交通大学机械与动力工程学院机械系主任、教授）

陈 磊（中国商飞上海飞机制造有限公司副总工程师、航研所所长、研究员）

张 平（成飞民机公司副总经理、技术中心主任、研究员）

张卫红（西北工业大学副校长、教授）

赵万生（上海交通大学密歇根学院副院长、教授）

倪 军（美国密歇根大学机械工程系教授、上海交通大学密歇根学院院长、教授）

黄卫东（西北工业大学凝固技术国家重点实验室主任、教授）

黄 翔（南京航空航天大学航空宇航制造工程系主任、教授）

武高辉（哈尔滨工业大学金属基复合材料与工程研究所所长、教授）

总　序

　　国务院在 2007 年 2 月底批准了大型飞机研制重大科技专项正式立项,得到全国上下各方面的关注。"大型飞机"工程项目作为创新型国家的标志工程重新燃起我们国家和人民共同承载着"航空报国梦"的巨大热情。对于所有从事航空事业的工作者,这是历史赋予的使命和挑战。

　　1903 年 12 月 17 日,美国莱特兄弟制作的世界第一架有动力、可操纵、比重大于空气的载人飞行器试飞成功,标志着人类飞行的梦想变成了现实。飞机作为 20 世纪最重大的科技成果之一,是人类科技创新能力与工业化生产形式相结合的产物,也是现代科学技术的集大成者。军事和民生对飞机的需求促进了飞机迅速而不间断的发展和应用,体现了当代科学技术的最新成果;而航空领域的持续探索和不断创新,为诸多学科的发展和相关技术的突破提供了强劲动力。航空工业已经成为知识密集、技术密集、高附加值、低消耗的产业。

　　从大型飞机工程项目开始论证到确定为《国家中长期科学和技术发展规划纲要》的十六个重大专项之一,直至立项通过,不仅使全国上下重视起我国自主航空事业,而且使我们的人民、政府理解了我国航空事业半个世纪发展的艰辛和成绩。大型飞机重大专项正式立项和启动使我们的民用航空进入新纪元。经过 50 多年的风雨历程,当今中国的航空工业已经步入了科学、理性的发展轨道。大型客机项目其产业链长、辐射面宽、对国家综合实力带动性强,在国民经济发展和科学技术进步中发挥着重要作用,我国的航空工业迎来了新的发展机遇。

　　大型飞机的研制承载着中国几代航空人的梦想,在 2016 年造出与波音 B737 和空客 A320 改进型一样先进的"国产大飞机"已经成为每个航空人心中奋斗的目标。然而,大型飞机覆盖了机械、电子、材料、冶金、仪器仪表、化工等几乎所有工业门类,集成了数学、空气动力学、材料学、人机工程学、自动控制学等多种学科,是一个复杂的科技创新系统。为了迎接新形势下理论、技术和工程等方面的严峻挑战,迫切需要引入、借鉴国外的优秀出版物和数据资料,总结、巩固我们的经验和成果,编著一套以"大飞机"为主题的丛书,借以推动服务"大型飞机"作为推动服务整个航空科学的切入点,同时对于促进我国航空事业的发展和加快航空紧缺人才的培养,具有十分重要的现实意义和深远的历史意义。

2008 年 5 月,中国商用飞机有限公司成立之初,上海交通大学出版社就开始酝酿"大飞机出版工程",这是一项非常适合"大飞机"研制工作时宜的事业。新中国第一位飞机设计宗师——徐舜寿同志在领导我们研制中国第一架喷气式歼击教练机——歼教 1 时,亲自撰写了《飞机性能及算法》,及时编译了第一部《英汉航空工程名词字典》,翻译出版了《飞机构造学》《飞机强度学》,从理论上保证了我们飞机研制工作。我本人作为航空事业发展 50 年的见证人,欣然接受了上海交通大学出版社的邀请担任该丛书的主编,希望为我国的"大型飞机"研制发展出一份力。出版社同时也邀请了王礼恒院士、金德琨研究员、吴光辉总设计师、陈迎春副总设计师等航空领域专家撰写专著、精选书目,承担翻译、审校等工作,以确保这套"大飞机"丛书具有高品质和重大的社会价值,为我国的大飞机研制以及学科发展提供参考和智力支持。

编著这套丛书,一是总结整理 50 多年来航空科学技术的重要成果及宝贵经验;二是优化航空专业技术教材体系,为飞机设计技术人员培养提供一套系统、全面的教科书,满足人才培养对教材的迫切需求;三是为大飞机研制提供有力的技术保障;四是将许多专家、教授、学者广博的学识见解和丰富的实践经验总结继承下来,旨在从系统性、完整性和实用性角度出发,把丰富的实践经验进一步理论化、科学化,形成具有我国特色的"大飞机"理论与实践相结合的知识体系。

"大飞机"丛书主要涵盖了总体气动、航空发动机、结构强度、航电、制造等专业方向,知识领域覆盖我国国产大飞机的关键技术。图书类别分为译著、专著、教材、工具书等几个模块;其内容既包括领域内专家们最先进的理论方法和技术成果,也包括来自飞机设计第一线的理论和实践成果。如：2009 年出版的荷兰原福克飞机公司总师撰写的 *Aerodynamic Design of Transport Aircraft*(《运输类飞机的空气动力设计》)，由美国堪萨斯大学 2008 年出版的 *Aircraft Propulsion*(《飞机推进》)等国外最新科技的结晶；国内《民用飞机总体设计》等总体阐述之作和《涡量动力学》《民用飞机气动设计》等专业细分的著作；也有《民机设计 1000 问》《英汉航空双向词典》等工具类图书。

该套图书得到国家出版基金资助，体现了国家对"大型飞机项目"以及"大飞机出版工程"这套丛书的高度重视。这套丛书承担着记载与弘扬科技成就、积累和传播科技知识的使命，凝结了国内外航空领域专业人士的智慧和成果，具有较强的系统性、完整性、实用性和技术前瞻性，既可作为实际工作指导用书，亦可作为相关专业人员的学习参考用书。期望这套丛书能够有益于航空领域里人才的培养，有益于航空工业的发展，有益于大飞机的成功研制。同时，希望能为大飞机工程吸引更多的读者来关心航空、支持航空和热爱航空，并投身于中国航空事业做出一点贡献。

2009 年 12 月 15 日

序

　　制造业是国民经济的主体,是立国之本、兴国之器、强国之基。《中国制造2025》提出,坚持创新驱动、智能转型、强化基础、绿色发展,加快从制造大国转向制造强国。航空装备,作为重点发展的十大领域之一,目前正处于产业深化变革期;加快大型飞机研制,是航空装备发展的重中之重,也是我国民机制造技术追赶腾飞的机会和挑战。

　　民机制造涉及新材料成形、精密特征加工、复杂结构装配等工艺,先进制造技术是保证民机安全性、经济性、舒适性、环保性的关键。我国从运-7、新支线 ARJ21 - 700 到正在研制的 C919、宽体飞机,开展了大量的工艺试验和技术攻关,正在探索一条符合我国民机产业发展的技术路线,逐步建立起满足适航要求的技术平台和工艺规范。伴随着 ARJ21 和 C919 的研制,正在加强铝锂合金成形加工、复合材料整体机身制造、智能自动化柔性装配等技术方面的投入,以期为在宽体飞机等后续型号的有序可控生产奠定基础。但与航空技术先进国家相比,我们仍有较大差距。

　　民机制造技术的提升,有赖于国内五十多年民机制造的宝贵经验和重要成果的总结,也将得益于鉴国外的优秀出版物和数据资料引进。因此有必要编著一套以"民机先进制造工艺技术"为主题的丛书,服务于在研大型飞机以及后续型号的开发,同时促进我国制造业技术的发展和紧缺人才的培养。

　　本系列图书筹备于 2012 年,启动于 2013 年,为了保证本系列图书的品质,先后召开三次编委会会议和图书撰写会议,进行了丛书框架的顶层设计、提纲样章的评审。在编写过程中,力求突出以下几个特点:①注重时效性,内容上侧重在目前民机研制过程中关键工艺;②注重前沿性,特别是与国外先进技术差距大的方面;③关注设计,注重民机结构设计与制造问题的系统解决;④强调复合材料制造工艺,体现民机先进材料发展的趋势。

该系列丛书内容涵盖航空复合材料结构制造技术、构件先进成形技术、自动化装配技术、热表特种工艺技术、材料和工艺检测技术等面向民机制造领域前沿的关键性技术方向,力求达到结构的系统性,内容的相对完整性,并适当结合工程应用。丛书反映了学科的近期和未来的可能发展,注意包含相对成熟的内容。

本系列图书由中国商飞上海飞机制造有限公司、中航工业成飞民机公司、沈阳飞机设计研究所、北京航空制造工程研究所、中国飞机强度研究所、沈阳铸造研究所、北京航空航天大学、南京航空航天大学、西北工业大学、上海交通大学、西安交通大学、清华大学、哈尔滨工业大学和南昌航空航天大学等单位的航空制造工艺专家担任编委及主要撰写专家。他们都有很高的学术造诣,丰富的实践经验,在形成系列图书的指导思想、确定丛书的覆盖范围和内容、审定编写大纲、确保整套丛书质量中,发挥了不可替代的作用。在图书编著中,他们融入了自己长期科研、实践中获得的经验、发现和创新,构成了本系列图书最大的特色。

本系列图书得到 2016 年国家出版基金的资助,充分体现了国家对"大飞机工程"的高度重视,希望该套图书的出版能够真正服务到国产大飞机的制造中去。我衷心感谢每一位参与本系列图书的编著人员,以及所有直接或间接参与本系列图书审校工作的专家学者,还有上海交通大学出版社的"大飞机出版工程"项目组,正是在所有工作人员的共同努力下,这套图书终于完整地呈现在读者的面前。我衷心希望本系列图书能切实有利于我国民机制造工艺技术的提升,切实有利于民机制造行业人才的培养。

2016 年 3 月 25 日

前　　言

进入 21 世纪,航空运输业呈现快速增长的态势,拉动了航空制造业尤其是民用飞机产业的快速发展。根据波音、空客、中航工业对民机市场的预测,亚太航线将会主导大型客机市场,对客机最大的需求来自于美国、中国和英国的航空公司,其中,中国航空客货运输的增长速度均高于同期全世界航空运输的平均发展速度,到 2023 年,中国民航客机机队规模将达到 2000 多架。纵观美国和欧洲航空工业的发展,都是在政府的大力扶持下逐步成长起来的,目前波音和空客两大航空巨头几乎垄断了世界航空市场,我国大力发展大飞机项目,正是要打破这一格局。只有拥有自己的关键技术,不断掌握先进技术并实现产业化,不断提高效率和产品质量,降低制造和运营成本,才能立足于市场并发展壮大。

大型民用飞机项目已列入《国家中长期科学和技术发展规划纲要(2006—2020 年)》中,国家工信部发布的《2013—2020 民用航空中长期发展战略规划》中指出:大力推进科学技术进步,强化和完善科研体系,突破重大工程技术,强化技术基础,全面推进数字化技术应用,民用飞机产业化实现重大跨越,到 2020 年,民用飞机产业年营业收入超过 1000 亿元。由此将带动飞机制造上下游产业链快速发展。但目前我国的民用飞机设计制造水平离国际先进水平尚有不少差距,尤其是飞机装配柔性化、自动化水平差距较大

装配是飞机研制过程的关键环节,飞机装配工作量约占整个飞机制造工作量的 1/3 左右,其装配连接方式以铆接为主。近十余年来,国外飞机装配技术发展迅速,以波音 B787、空客 A380、A350 等为代表的新一代民机纷纷采用数字化装配系统进行机体结构的自动化、柔性装配。我国飞机装配目前还主要依赖于手工装配,大量采用成套的专用装配型架,成本高,装配效率低,在当前民机需求日益旺盛的市场环境下,装配已成为飞机研制和批生产的瓶颈。因此,迫切需要研制自动化的钻铆装备和柔性装配系统。

民用飞机自动化装配系统与装备涉及技术复杂,基本涵盖了数字化设计制

造技术、信息化技术、自动控制技术、精确制造技术、数字化检测技术、系统集成技术等，国内技术基础薄弱，加之国外关键技术封锁，导致国内在自动化装配系统与装备研究应用进展缓慢，将直接影响民用飞机的产业化规模。

自 2000 年以来，中航成飞民用飞机有限责任公司（以下简称成飞民机）通过多年的民机研制，积累了一定的经验和技术基础，尤其是自动钻铆系统、柔性装配系统、自动制孔系统的研究应用方面，在大飞机重大专项的支持下，通过资源整合及与国内高等学校、科研院所和行业企业合作，近年来相继承担了国家民用飞机科研专项、四川省科技计划项目等研究项目，通过产学研合作研究，取得了关键技术突破，自动钻铆技术成功应用于大飞机研制。国内航空企业和高校瞄准大飞机重大科研专项，在机器人自动化制孔系统、自动化装配生产系统等研究应用方面，也取得了不少成果。

本书是航空企业和高等学校多年研究工作的系统总结和提炼，内容涵盖了基本原理和工具方法，图文并茂地阐述了自动化装配系统与装备的用途、性能指标、工作原理，及其关键制造技术在飞机研制中的实际应用。本书基于民用飞机自动化装配工艺装备研发实践编著，既有理论方法，又有实际应用案例，内容丰富。第 1 章绪论，由成飞民机陈勇撰写；第 2 章民用飞机数字化装配工艺规划，由北京航空航天大学梅中义撰写；第 3 章民用飞机柔性装配工装系统，由成飞民机杨启兵撰写；第 4 章机器人自动化制孔系统，由南京航空航天大学王珉撰写；第 5 章自动钻铆系统，由成飞民机李少波撰写；第 6 章民用飞机自动化装配生产线，由上海飞机制造公司组织撰写。全书由成飞民机罗水均统稿、修改，由成飞民机张平审定，由成飞民机王焰提供编著指导。

最后，感谢上海交通大学出版社对本书出版给予的大力支持。

由于作者水平有限，书中的遗漏和错误之处恳请读者批评与指正。

编著者

2016 年 10 月

目　　录

1 绪　　论

1.1　民用飞机的装配

1.1.1　飞机装配概述

飞机研制的全过程,经历了概念设计、总体设计、详细设计、工艺技术准备、生产准备、装配、试飞、交付等多个阶段。

飞机装配是整个民用飞机研制过程中的一个重要环节,包括了组件装配、段件装配、部件装配和总装等过程[1]。

组件装配是零件与零件的安装连接,如框组件、梁组件、壁板组件,如图 1-1 所示。

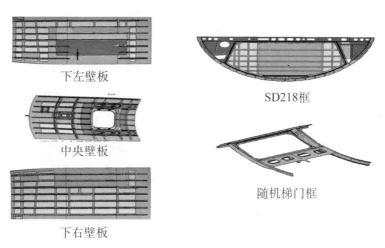

下左壁板

SD218框

中央壁板

随机梯门框

下右壁板

图 1-1　组件

段件装配主要是组件及零件的定位连接安装,以机体结构安装为主;如机头驾驶舱骨架装配、机头上部装配、机头下部装配,如图 1-2 所示。

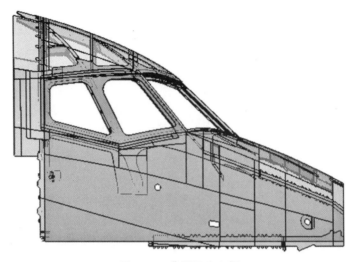

图 1‑2　典型机头上部

　　部件装配是段件与段件的装配,以设计分离面的装配为主。如机头装配、机翼装配,如图 1‑3 所示。

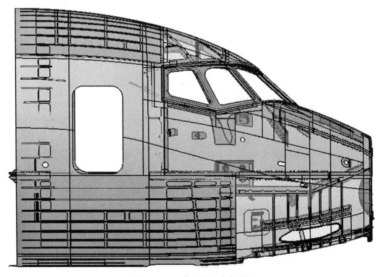

图 1‑3　典型机头部件

　　总装主要是部件对合装配及机构、系统安装。

　　装配流程是将飞机零件装配成组件、段件、部件直至整机的组装过程。飞机装配流程的设计是飞机装配前的一项重要的工艺设计工作,通过对装配流程的合理设计,可以平衡产品的制造节拍时间,确定产品在每个工位的装配周期以及人员的需求。图 1‑4 为典型机头部件的装配流程。

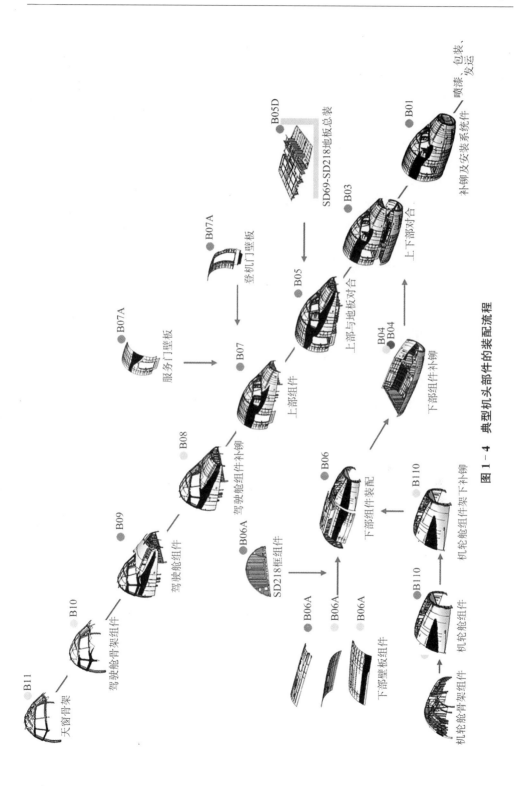

图 1 - 4 典型机头部件的装配流程

新型飞机的研制一般会经历较为漫长的研制过程,短则几年,长则达 10 多年。期间涉及较多的设计改型以及新材料、新技术、新工艺的运用,覆盖了从材料、标准件、成品、零件制造、装配、试飞等采购及生产和试验验证过程;经历了各种试验、攻关、特种工艺取证等各项工作。由于参加研制生产的研究所和制造工厂多,工作界面广,协调关系复杂,在研制过程中必然会出现较多涉及工程设计协调、制造工艺规范的可执行性、制造工艺方面的问题。这些问题会在研制生产的各个环节暴露出来,特别是在装配环节暴露的问题更为集中。

装配流程设计工作包含如下要素的内容:

(1)装配单元的划分。

(2)确定装配基准和装配定位方法。

(3)选择保证准确度、互换性和装配协调的工艺方法。

(4)确定各装配元素的工艺技术状态。

(5)确定装配过程中的工序、工部组成及各构造元素的装配顺序。

(6)选定所需的工具、设备和工艺装备。

1.1.2 飞机装配的一般过程

飞机装配是根据尺寸协调原则,采用装配工具、工装、设备或一定的工艺方法,按照规定的工艺规范操作,通过装配形成符合工程图纸要求的组件、部件、段件以及整机的过程。

飞机装配中常见的基本工作内容及工艺质量要求如表 1-1 所示。

表 1-1 飞机装配基本工作内容及工艺质量要求

序号	工作内容	工艺质量要求
1	工作准备	工作现场清洁;工装完好;工具、零件、标准件及器材准备到位
2	定位	尺寸满足图纸要求;与工装定位面贴合;不存在应力装配的问题
3	制孔	按照制孔工艺要求操作,满足孔位、孔径、垂直度、表面粗糙度要求
4	去毛刺及倒角倒圆	使用合适的工具,满足规范规定的尺寸要求
5	锪窝	按照规范操作,满足窝径、垂直度、表面粗糙度、倒角尺寸、最小材料厚度等要求
6	铆接	按照规范操作,满足铆钉镦头高度、镦头大小、镦头质量、钉头间隙、埋头铆钉头铣平要求
7	螺接	按照规范操作,满足定力要求、钉杆螺纹露出量、钉头间隙、垫圈数量
8	盲连接	按照规范操作,满足芯杆断面尺寸要求;锁环要求;成型要求
9	密封	按照规范操作,满足零件表面清洁度、密封胶硬度测试、配胶及施胶温湿度要求
10	表面修复	按照规范操作,满足包铝层穿透测试要求

序号	工作内容	工艺质量要求
11	修配零件边	按规范要求进行表面处理及涂漆,如施涂阿洛丁
12	加垫	按规范要求进行实心垫片及可剥垫片的制造及安装
13	电搭接	按照规范操作,满足电搭接区域的打磨要求、电阻值测试要求、密封要求
14	零组件的标识	使用规定的墨水、字体大小、标识内容进行产品标识
15	总检排故	满足外观控制要求,如波纹度、齐平度、对缝间隙、阶差、外观目视要求
16	多余物检查	目视检查及窥视仪检查有无多余的物品
17	产品吊运	要求检查确保产品与工装脱离,并按照吊装及安全要求进行操作

为满足装配工作以及工艺质量要求,在装配中经常涉及的制造工艺包括如下内容(不同的工作部位具有不同的工艺要求,不限于下列内容):

(1) 通用装配技术。

(2) 金属零件的制孔。

(3) 纤维增强复合材料结构的制孔。

(4) 实心铆钉的安装。

(5) 盲铆钉的安装。

(6) 环槽钉的安装。

(7) 高锁螺栓的安装。

(8) 盲螺栓的安装。

(9) 螺栓螺钉的安装。

(10) 快卸紧固件的安装。

(11) 轴承及衬套的冷缩安装。

(12) 电气搭接。

(13) 手工化学清洗。

(14) 铝合金的化学转化涂层(刷涂)。

(15) 紧固件的湿安装。

(16) 整体油箱的密封。

(17) 零件的粘接。

(18) 底漆的应用。

(19) 面漆的应用。

(20) 孔的冷挤压。

(21) 零件表面喷丸强化。

（22）液体垫片的使用。

（23）轴承衬套螺纹的粘接。

（24）零件和装配件的标识。

（25）零组件的临时保护。

（26）自动钻铆。

1.1.3 飞机装配工艺装备

1）零件定位方式

目前采用的主要定位方式大致可分为工装定位、协调孔定位、手工定位（相关件定位）三种，如表 1-2 所示。

表 1-2 三种定位方式的特点

序号	定位方式	详细分类	对应零件	示例	特点描述
1	工装定位	1）孔＋面	结构框类		（1）飞机骨架的主要构成零件之一，该类零件强度高，部分零件有型面要求，分为钣金框和数控框两种 （2）该类零件的定位，需要装配重点考虑
			驾驶舱风挡框		（1）飞机骨架的主要构成零件之一，用于支撑窗户玻璃，该类零件强度高，形状复杂，有型面要求 （2）该类零件的定位，需要装配重点考虑
			腹板类		（1）强度较弱，尺寸较大 （2）定位位置要求不高

（续表）

序号	定位方式	详细分类	对应零件	示例	特点描述
			结构梁类		（1）飞机骨架的主要构成零件之一,强度较高,零件有型面要求 （2）该类零件的定位,需要装配重点考虑
			互换接头类		（1）强度高,尺寸较小,具有拆换的使用功能要求 （2）该类零件的定位,需要装配重点考虑
			运动机构支座类		（1）强度高,尺寸较小,位置要求高 （2）该类零件的定位,需要装配重点考虑
		2）孔＋面＋边	大尺寸蒙皮类		（1）尺寸较大,强度较弱,有型面要求 （2）该类零件的定位,需要装配重点考虑
		3）面＋边	隔框外缘		（1）强度一般,有型面要求 （2）该类零件的定位,需要装配重点考虑
2	协调孔定位	T/H孔或零件协调孔	平板与加强角材等		零件的定位面是平面
3	手工定位	1）划线定位	位置度要求不高(公差至少1 mm)的角片、接头、加强件等		（1）形状规则 （2）定位容易

（续表）

序号	定位方式	详细分类	对应零件	示例	特点描述
		2）相互零件自定位	角片、角盒等		（1）形状规则 （2）定位容易

2）装配工装分类

飞机装配，特别是结构装配，关键的操作环节就是零件定位。由于飞机制造精度较高，民用飞机装配公差一般在±0.8～1.0mm，因此对零件的定位精度提出了较高的要求，工装定位则是保证零件准确定位的一种最重要的手段。

装配工装分类如下。

（1）按使用功能分类，可分为：

a. 定位工装：如小型装配夹具（AJ）、大型装配夹具（FAJ）。

b. 钻孔工装：如钻孔样板、钻模、喷点样板。

c. 辅助工装：如保形/支撑/存放架、工作梯及工作平台、辅助夹紧/补铆夹具、产品保护板。

d. 标准工装：用于重点控制产品交点及部位协调的工艺装备，是制造装配及检验工装的依据。如标准量规、结合样板。

e. 检测工装：用于检查并测量产品外形及相关尺寸。

f. 调试工装：舱门等机构的调试。

g. 修边工装：用于门框以及舱门等开口修切。

h. 对合工装：大型结构部件的对合装配。

i. 起吊工装：组部件的吊装。

（2）按重要性及维护性的分类如表1-3所示。

表1-3　装配工装分类（按重要性和维护性）

分类	内容	描述
I类工装	标准工艺装备（简称标工）	以1：1的真实尺寸体现产品某些部位几何形状和尺寸的刚性实体。作为制造、检验和协调生产用工装的模拟量标准，是保证产品部、组件间尺寸和形状协调互换的重要手段，也是保证工装间尺寸和/或形状协调互换的重要依据
	厂际协调用标工（简称厂际标工）	为保证供应商与主制造商或不同供应商所制造的有装配协调关系的飞机部、组、零件之间协调互换用的标工。工装协调数据集是包含产品协调部位几何形状和尺寸，利用产品三维数据集（包括坐标系统、几何模型）和工艺对协调部位

（续表）

分类	内容	描述
		的装配尺寸及容差分配等装配元素作为设计、制造、检验和协调零件工装、部段内部装配工装、部段间装配工装、检验工装的数字量依据,是保证生产用工艺装备之间、生产工艺装备与产品之间、产品部件和组件之间的尺寸和形状协调互换的重要依据。
Ⅱ类工装	生产互换件的工装,部件装配、检验工装和重要的零件检验夹具	针对特定飞机零组件、部件在制造、装配(包括总装)和调试(包括试飞)过程中所使用的并具有定位、检验、协调和测试等功能的装备以及在装配中属于大型、关键、重要的工装类型,包括机械搬运,翻转工装及运输设备
	最终交付买方产品的装配工装、检验工装	
Ⅲ类工装	不属于Ⅰ、Ⅱ类工装的其他所有工装	小型的组件类工装,对产品装配的质量及进度不会造成严重影响

随着信息技术的飞速发展,飞机装配技术与计算机及软件、数字控制、数字化测量等技术相结合,飞机装配已从人工装配、机械/半自动化装配、自动化装配发展到数字化柔性装配阶段。工艺装备已从单一的定位功能,逐步发展为具有对合定位、制孔、安装、检测、翻转、移位等多种功能,同时在装备中充分考虑人机工作原理,将灯光、气源、电源、升降工作平台集成为一体,装配工装呈现设备化、自动化的趋势。对于批量生产较少的飞机,装配呈现出脉动生产线的特点;对于大批量生产的飞机,则按照精益的制造理念,逐步开展移动生产线技术的研究应用。

1.1.4 飞机装配的发展趋势

装配技术的发展,是随着设计技术的发展以及生产要素的发展,特别是工具、工装、设备的发展而处于不断的演变及推进中,现代飞机装配发展趋势体现如下。

1) 数字化

近十余年来,随着数字化设计的全面推进,数字化装配技术得以快速发展,基于三维设计的产品虚拟仿真技术在工艺设计和工装设计中得到全面运用,同时以测量臂、激光跟踪仪、激光雷达、室内GPS、激光投影等一批数字化测量及定位设备发展为基础的数字化工装设计制造以及产品装配在新品研发及生产中迅速普及并广泛运用。

(1) 产品虚拟装配仿真。三维数字化仿真技术目前在国外同行应用非常广泛,是一种全新的工艺设计手段,也是传统制造平台上升到全数字化制造平台的主要标志。

在飞机研制设计阶段的工艺审图以及在制造的工艺准备阶段，通过对产品的虚拟装配仿真，将大大减少设计质量以及制造的工艺设计问题，如零件的干涉、工装定位器设置不合理、工装与产品干涉，以及工艺流程设计不合理可能在后期产生的返工（见图1-5）。

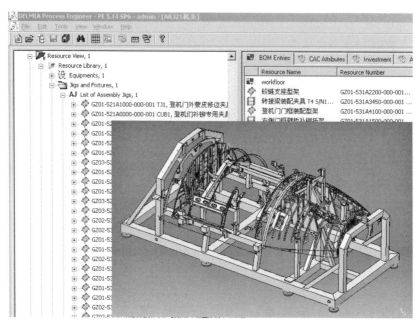

图1-5　某型客机机头组件装配仿真

（2）装配流程优化。通过设计可视化的装配流程，可使操作者更加逼真和直观

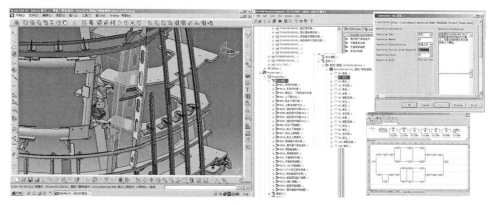

图1-6　装配可视化流程设计

地了解装配信息,以减少可能在装配中产生的人为故障;易于优化装配流程,从而提高工艺准备质量,加快研制工艺技术的快速成熟,缩短工艺准备周期,保证产品研制的进度和质量(见图1-6)。

(3)装配容差分析。基于数字化设计基础,通过建立数学模型,编制分析软件,开展对飞机的装配容差的量化分析。

(4)数字化测量。在传统装配过程中,对协调互换要求较高的部件,一般采用实物标准工装来保证产品的协调互换要求,这不仅增加了产品制造准备周期和制造成本,而且因为协调互换工装反应产品的信息不完整,其在生产中往往是针对最终产品进行检测,所以无法实现全过程的检查及控制;而采用数字化在线测量的手段,不仅可以减少协调互换工装和检验工装,节省制造准备周期和制造成本,而且可以根据产品装配情况,快速地测量所需要的更多信息,做到产品制造过程的实时准确控制,提前预防产品故障,低成本实现量化质量和信息共享(见图1-7)。

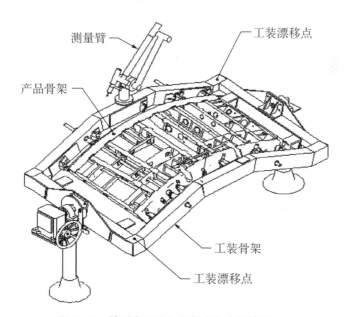

图1-7　某型客机登机门数字化在线检测

采用数字化在线测量(见图1-8)技术必须考虑几个关键因素:

　　a. 二维产品的建模或者提供全三维的产品数模;

　　b. 测量设备的选择和测量软件的选购;

　　c. 测量执行程序的开发是核心保障,没有现成的软件;

　　d. 必须结合装配流程来合理分配测量步骤;

　　e. 在线测量要求设备有高度的便携性;

　　f. 必须建立针对这类设备的使用维护和快速校验的办法。

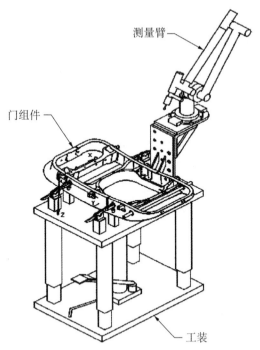

图 1-8　某型客机应急门数字化在线检测

2）机械化及自动化

（1）工具的发展。装配工具的发展经历了由手工—机械—半自动的发展过程。为满足装配中专项工作操作的需求，各种以提高产品质量及工作效率的工具在不断地研发及更新中。图 1-9 为一些在装配生产现场使用的专用工具。

（a）　　　　　　　　　　　　　　　（b）

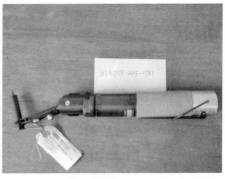

（c）　　　　　　　　　　　　　　　　　（d）

图 1 - 9　生产现场常用专用工具

　　（a）自动进给钻（用于大型深孔的钻制）　（b）步进钻（与钻孔样板结合使用，实现钻铰一体化）
（c）端面蒙皮切割机（与工装导轨结合使用，实现对蒙皮断面的修切）　（d）高锁螺栓风扳机（手动变
机械，实现高锁螺栓的机械安装）

　　同时为满足新研产品的质量以及速率要求，一些新的专用功能工具在不断的研制开发及运用中，如镗钻制孔系统[2]（见图 1 - 10），它采用主轴沿轴向自转的同时径向行进来驱动刀具不仅自转而且沿着一个特定的轴做离心运动，最后贯穿被加工材料。它由镗钻单元、头部连接件、电源、镗钻管理器（嵌入式姿态控制、自动制孔识别系统）组成，通过调节偏心值，单个钻头就可以完成多个不同直径的制孔作业。由于加工方式的变化，进给力降低，使得其在进行金属钻孔时能够达到无毛边钻孔作业，对碳纤维复合材料作业中可以达到层间无剥离现象发生，在薄板制孔作业中能够减少零件变形提高制孔质量，以实现高效率及高质量的制孔。

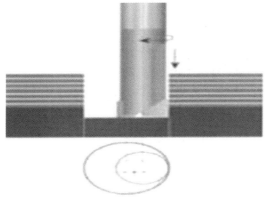

图 1 - 10　镗钻制孔

　　（2）工装的发展。工装的发展呈现下列特点：

a. 轻量化：工装骨架从钢制工装到铝制工装发展。

b. 模块化：通过对工装设计及制造技术的知识管理及创新，工装设计逐渐走向标准化，同时更加注重模块化的设计及制造技术开发。如标准的支撑定位单元POGO柱（见图1-11），自动钻铆机的刀具快换系统。

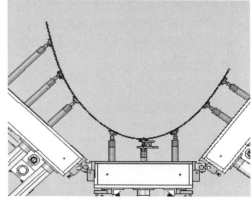

图 1-11　自动调整定位系统

c. 设备化：工艺装备从单一的定位功能，逐步发展为具有对合定位、制孔、安装、检测、翻转、移位等多种功能，同时在装备中充分考虑人机工作原理，将灯光、气源、电源、升降工作平台集成为一体，装配工装呈现设备化的趋势。

d. 柔性化：工装不再局限于实现一种产品的装配，可以通过柔性化的方式，如调整定位坐标、更换卡板等方式实现装配生产线快速换型（见图1-12）。

蒙皮定位器　　　　　　　　　　内侧零件(框、长桁、角片)定位器

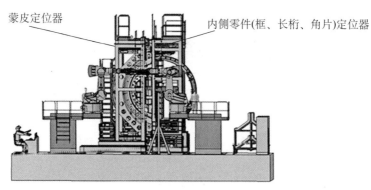

图 1-12　柔性工装系统

柔性装配技术是一种能适应快速研制和生产、低成本制造要求、模块化可重构的先进装配技术。它以数字量协调技术为核心，具有数字化、自动化、柔性化等特点，突破了传统的实物模拟量协调和人工装配对飞机制造质量、效率和成本的瓶颈，

是飞机制造的一次革命性的变革。

柔性装配工艺装备是由柔性装配工装、模块化加工和检测单元、数控定位系统（包括机器人）、数字化检测系统、数字化移动系统、离线编程和仿真软件等组成的数字化装配系统，以实现机体结构的自动化和柔性装配，满足了长寿命飞机结构的高质量、高效率装配要求。

实现柔性装配的手段包括以下几项：

a. 装配型架实现由"一对一"向"一对多"的装配制造模式的转变。通过使用统一的骨架，采用可更换的定位卡板，实现工装的"一对多"功能，常常应用于结构类似的小组件，如典型的壁板类（见图 1 - 13）、隔框类和桁梁类等组件。

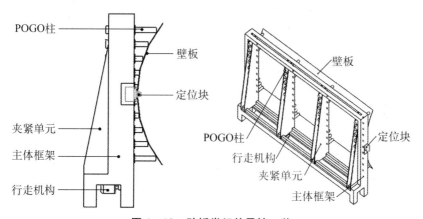

图 1 - 13 壁板类组件柔性工装

b. 零部件定位实现由"手工模拟量控制"向"自动化数字量精确控制"的装配制造模式的转变。常常应用于大部件自动对接。

c. 柱阵式柔性装配工装＋真空吸盘式柔性装配工装。

通过 POGO 柱的使用，实现不同外形及曲率蒙皮的定位。采用计算机数字控制 POGO 柱伸缩量的方法来实现工装的数字化和柔性化。输入产品数模并由计算机控制相应点阵 POGO 柱伸缩量形成壁板夹持理论外形，通过 POGO 柱前端的吸盘夹持壁板。采用激光测量设备对壁板产品外形进行测量，并将测量结果与理论定位外形对比后自动调整 POGO 柱直至满足工装定位要求。

（3）设备的发展。以数字化、模块化、智能化、系统化、柔性化为特点，以满足装配各种需求的装配设备不断地开发并运用，如：

a. 制孔机器人。机器人制孔有其自身的优势，比如它相比自动钻铆来说更加的灵活，可使用的产品范围更广，成本也比自动钻铆机便宜。其通用性更强，但它也有较多的缺点，如精度问题，这使得其在飞机产品运用方面还没有自动钻铆机成熟。

图 1‐14　自动钻铆机

b. 自动钻铆机。自动钻铆机（见图 1‐14）的发展是现代飞机装配自动化的标志性转折。目前，波音公司和空客公司在飞机装配上都大量采用了自动钻铆机，特别是在典型的蒙皮壁板组合结构和构造单一的平板框类结构上，大量采用自动钻铆，这是因为：

（a）自动铆接机提高了铆接表面质量，蒙皮几乎没有划伤，避免了手工操作的弊端，自动铆接机的应用大大提高了飞机的疲劳强度，从而大大提高飞机的使用寿命；

（b）大面积的划伤返工而损伤蒙皮的机械性能；

（c）自动钻铆效率高，质量稳定可靠；

（d）自动钻铆机性能稳定，技术成熟，操作人员易于掌握；

（e）全自动数字化钻铆机按设定的坐标点编程铆接，不需要钻孔样板，铆钉排列整齐，外观质量好；而手工操作则需要大量的钻孔工装，从而增加制造成本和制造周期。

c. 数字化测量设备。随着测量技术的发展，基于数字化设计，具有各项功能及特点的测量设备不断在装配生产中运用。典型的变化在于装配工装的安装由水平仪、经纬仪转换为激光跟踪仪；飞机装配组部件的检测也由传统的检测工具、检验工装的检验方式转向柔性测量臂、激光跟踪仪等多种方式的数字化测量；产品的定位借助于激光投影仪；大部件的对合以及自动化的装配更基于数字测量、数据分析处理、系统控制的集成系统进行保证。

1.2　民用飞机自动化装配系统与装备

1.2.1　民用飞机自动化装配的概念

飞机自动化装配是指在飞机结构装配时，通过数字化和数控化装配工装及设备的运用，实现零件或部件的自动定位、夹紧、制孔、安装等功能。通过自动化装配技术的实施，可以大大提高装配质量和效率，缩短研制周期，降低研制成本。

飞机的自动化装配可表现为飞机装配中的单一功能，如单独的部件对合，如飞机部件的自动对接系统；单独的产品制孔，如机器人制孔；单独的喷漆，如组部件的自动喷漆生产线；集制孔、密封及连接件安装于一体的装配，如自动钻铆；也可表现为移动装配生产线,如波音 B737 飞机移动生产线以及中国商飞 C919 的总装生产线。

1.2.2　民用飞机自动化装配的装备

这里所提的民用飞机自动化装配的装备即指实现自动化装配的装备系统中硬件部分的设备及工装。目前,国内外民用飞机装配中的自动化装配的装备主要包含有下面几个方面的内容。

1.2.2.1　机器人及末端执行器

(1) 移动机器人(见图 1-15)。平台将所有机器人制孔所需的必要设备集成在一个独立结构上。自动制孔移动平台由基架、脚轮以及气垫组成。该平台将配备定位器,作为该系统与产品工装在工作站内的定位基准。机器人直接安装在移动平台上并配备末端执行器。所有必需的支持设备,如真空系统、微量润滑系统、同步视觉设备、试样存放架、末端执行器存储架、控制面板以及人机接口面板都安装在移动平台上。通过在飞机工作区域建立支撑及运动平台,实现机器人对工作部位的制孔,常使用的部位为飞机部件对合区域。

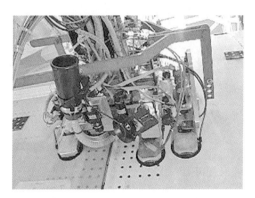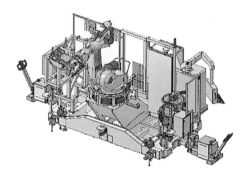

图 1-15　移动机器人

(2) 通用机器人移动自动化制孔系统包括如下设备:

a. 移动平台系统;

b. 机器人;

c. 制孔多功能末端执行器,包括制孔、视觉、涂胶、送钉、质量检测等模块;

d. 自动换刀装置;

e. 试刀架;

f. 末端执行器快速更换器和存储机架;

g. 润滑系统;

h. 真空系统;

i. 机器人和末端执行器电气柜;

图 1 - 16 关节臂机器人

j. 操作人员控制台；

k. 安全装置（激光扫描仪）。

机器人移动自动化制孔系统的运用应充分考虑更高的重复定位精度、更高的刚度、节省空间、更低的成本。

1.2.2.2 关节臂机器人

模仿人的关节实现多维度的运动（见图 1 - 16），通过配套末端执行器（如钻孔执行器）以及控制器，实现对产品的法向制孔、紧固件安装等多种功能。

1.2.2.3 自动钻铆机及托架

常见的自动钻铆机及托架形式有如下两种：

（1）立式，其特点为：产品固定在托架上，通过对托架的姿态进行调整，实现系统对产品的制孔装配（见图 1 - 17）。

图 1 - 17 自动钻铆机及托架（立式）

（2）卧式，其特点为：产品相对固定，通过调整执行工作头的位置及姿态，实现对产品的装配加工（见图 1 - 18）。

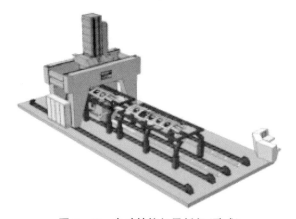

图 1 - 18 自动钻铆机及托架（卧式）

1.2.2.4 柔性及模块化的工艺装备

为满足新机快速研制、低成本制造的需要,一种通用性强,覆盖面宽,工装模块化可重组的先进装配技术,即柔性装配技术在飞机的研制中越来越得到关注及推广,其发展目标是无型架数字化装配平台,涵盖了柔性工装、精确定位与测量、数据采集/处理系统,更进一步地实现制孔及连接件安装。

无型架数字化装配技术将彻底减少飞机装配对专用型架的依赖性。目前柔性化装配技术主要表现在以下几个方面:

(1) 行列式高速柱柔性工装。行列式高速柱工装适用于壁板及翼梁装配,如波音飞机 B727、B737、B777、C-17 等飞机翼梁的装配和空客 A330 系列机翼壁板的装配。最新的 A380 壁板及翼梁装配也采用了此工装。

(2) 多点阵成形真空吸盘柔性工装。多点阵成形真空吸盘工装由一组立柱吸盘组成,吸盘在程序控制下移动定位,生成与装配件曲面完全符合并均匀分布的吸附点阵,能精确、可靠地定位和夹持壁板。当飞机型面发生变化时,吸附点阵在伺服控制下相应改变。此类工装广泛应用于国内外军用、民用飞机生产。

(3) 自动对接平台。通过平台实现对部段的支撑、调姿、移动,最终实现部段产品之间的对合,如机头上下部以及前后段的对合,机头与机身的对合,机翼与机身的对合。

1.2.2.5 数字测量设备

在飞机装配中,数字测量技术主要针对零件制造/装配、工装制造、大部件对合来检查数据和协助装配。装配中常用的测量设备包括:

(1) 便携式三坐标测量臂(见图 1-19)。在产品本身的精度要求不是很高且场地条件有限的条件下,可利用便携式三坐标测量臂对零件的几何尺寸、形位公差、曲线曲面进行测量并进行 SPC 数据统计分析。在零件的装配过程中对不同的装配阶段的产品结构外形、关键特性点的空间尺寸(二维/三维尺寸)等数据进行实时精确测量,并与产品数模进行对比,通过数据记录和统计分析对产品的装配过程实现了实时监控,从而及时发现装配中的问题,防止故障的传递和扩大,避免大量的返工,提高产品的装配质量,降低了返回故障率。

图 1-19 便携式三坐标测量臂

该设备经过 20 多年的发展和完善,已日趋成熟,它的测量范围一般为 1.2~3.7 m,具有安装方便快捷,使用自由灵活,操作简单,测量精度高(单点精度可达 0.005 mm,空间长度精度可达 0.018 mm),环境适应能力强等特点,并广泛应用于航空航天、造船、汽车整车及零部件、模具、汽轮机、重型机械以及其他机械加工行业。此类便携式三坐标测量臂非常适合在装配现场对产品的关键特性点、外形尺

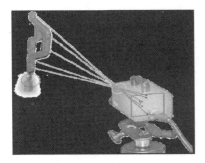

图 1-20　光笔测量仪

寸、I/R检查进行测量、控制,同时还具有数据自动采集和统计分析的功能。

（2）光笔测量仪（见图1-20）。光笔测量仪主要由传感器系统（相机和支撑架）、采点系统（碳纤维测量光笔及测针）、电脑与测量软件组成。采用摄影测量技术,相机通过测量镶嵌在光笔上的多个红外发光二极管（LED）的三维坐标,得到光笔在空间的位置和姿态（x、y、z、i、j、k 六维参数）。由于光笔底端的测针经过精确校准以精确计算出来,所以,测针底端被测点的三维坐标就可精确得到。目前此设备在飞机装配中运用较少。

（3）激光跟踪仪（见图1-21）。由于工装是零件定位、装配的依据,本身精度要求高,可利用空间测量激光跟踪仪对工装每一个定位点、定位形面空间3D数据进行精确测量,并将所得的数据与数模进行对比检查,据此来完成工装制造。这样大大提高了工装制造的精度,从而也使装配的质量和效率得以提高。

图 1-21　激光跟踪仪

　　激光跟踪仪通过内置激光干涉器、红外线激光发射器、光靶反射球测量长度,光栅编码器测量水平和仰视角度来实现三维大体积现场测量。它具有70 m的测量范围,超级绝对测量模式/干涉和绝对测量模式使测量过程更精确、更灵活,XtremeADM（绝对距离测量、断电续接）功能可保证系统的稳定精确性,精度可达（10+0.8）μm/m,是目前实现三维大体积测量最先进最方便的仪器。

　　（4）激光雷达（见图1-22）。激光雷达的核心是个宽频红外发射系统（100 GHz）,它不会对眼睛造成伤害。激光的上下振幅的比较可提供测量的距离和周期。

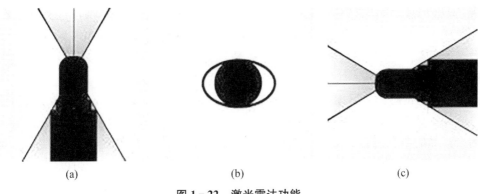

图 1 - 22　激光雷达功能

(a) 垂直方向范围 90°　(b) 俯视图中水平方向为 360°　(c) 设备的水平放置允许将球形测量范围置于被测物上方或下方

　　激光雷达在水平方向可 360°、垂直方向 90°旋转。它的功能比激光跟踪仪更强大。

　　(5) Indoor GPS 大空间测量系统。在零/组件装配完成后进行大部件对合时，由于便携式三坐标测量臂和激光跟踪仪自身的局限性，可利用 Indoor GPS 系统来完成这样大尺寸、大空间的测量工作。

　　Indoor GPS 系统是一个被证明的具有高精度、高可靠性和高实用性的室内GPS 系统，用来解决大尺寸测量问题，采用三角测量原理建立三维坐标系，利用发射器发出的红外光信号，众多小接收器就能独立地计算出它们的位置。就像GPS 一样，在一定空间发射器的数量是不限的。主要用于大尺寸测量，验证装配定位和基准设置。该系统独有的特性，在测量外形和满足不同的用户方面，提供了无与伦比的可变性。该系统能在任何网络情况下适应传感器增减量的变化。

　　(6) 其他测量设备。在零件制造及装配中常会使用如下设备：

　　三坐标测量机用于机加零件的测量(见图 1 - 23)。

　　白光照相、便携式扫描仪用于小组件外形的测量。

　　激光投影仪用于产品的辅助定位及验证。

1.2.3　民用飞机自动化装配系统

　　系统是相互联系相互作用的诸多元素的综合体，是将零散的东西进行有序的整

图 1 - 23　三坐标测量机

理、编排形成的具有特定功能的有机整体。只有工具、工装、设备等硬件设施，还无法实现自动化的装配功能。只有将现有的工装、设备、各种功能的附件以及测量、传感、控制等技术相结合形成装配系统，才能实现我们所说的系统功能。在民用飞机装配中常使用的系统有如下几类：

（1）定位对合。民用飞机大部件自动对接装配系统：传统的飞机部件对合方式是采用工装定位部件，通过起吊和轨道移动对合部件，操作人员通过手工对工装及对合产品的姿态进行调整，以实现部件与部件的对合。人工对合方式需要的人员多，对合控制困难，效率低下，存在产品碰伤等安全风险。采用自动对接装配系统可较好地克服上述存在的问题。

（2）制孔。机器人制孔系统。

（3）喷涂。自动喷涂系统。

（4）装配。包括下列系统和生产线：

a. 全自动钻铆系统。

b. 自动化装配生产线：基于集约化的生产需要，以满足专项装配功能的生产线，如壁板类装配生产线等，在近年的新机研制中孕育而生。以提高工效，突出主流程，缩短装配周期的自动化装配生产线在飞机部件装配中大量运用。

c. 移动装配生产线：波音公司将飞机放在由传送链移动的轮车生产线上，使飞机沿生产线移动装配。通过射频信号实时传送来实现对飞机移动装配生产线的远程控制，并监控飞机移动的情况。飞机在两个装配台的移动只需1小时，可同时移动7架飞机，并能保证飞机之间的等距及等高。同时因传送链在地板上，地下总线能够保证恒定电流供应及防火等监控管理。目前，波音公司已经在移动装配生产线上连续建造了波音B717、B737、B757等单通道飞机。该技术大大缩短了民用飞机制造交付周期。

（5）产品运输。部件移位系统（基于AGV移动导引系统）：

在飞机部件装配完成后，产品的周转运输以及变调姿是工位之间常进行的一项工作。

目前产品的周转除了采用行车吊运外、针对大部件还常采用运输车（AGV车）进行。产品的翻转也是飞机部件装配常会进行的工作，特别是飞机机头的装配，在组部件装配时考虑到工作的方便性，下部组件装配常采用倒扣的方式进行，当进行对合时，需要进行翻转变姿的工作。早期，翻转工作是使用行车和型架，通过人工操作进行；而现在可通过翻转系统通过将主/辅立柱、变位单元与负载工装，进行协调控制，实现大飞机下部组件的旋转变位。图1-24是一个机头下部组件翻转的示例。

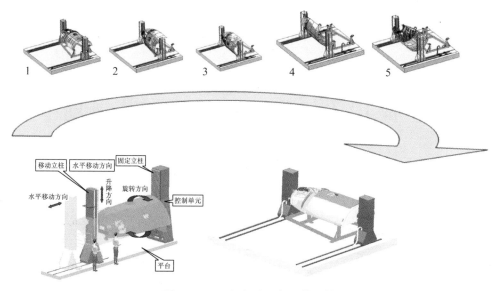

图 1 - 24　飞机机头下部组件翻转

参考文献

[1] 航空制造工程手册总编委会. 航空制造工程手册-飞机装配[M]. 北京：航空工业出版社，1993.

[2] Eric Whinnem，Gary Lipczynski. Ingvar Eriksson Development of Orbital Drilling for the Boeing 787 SAE International [R]. 2008.

2 民用飞机数字化装配工艺规划

装配工艺规划是影响航空产品装配质量和成本的重要因素,飞机数字化装配工艺规划就是在飞机研制工程项目中,采用数字化协调技术,进行数字化工艺过程定义(process)、产品定义(products)和资源定义(resource),在工艺节点下将工艺策划、工艺分离面划分依据、装配工艺布局等相关信息写到相应的工艺结构层次中,并随后进行详细工艺设计、公差设计、装配仿真等。本节针对民用飞机数字化装配工艺规划,论述民用飞机装配协调体系、飞机装配数字化工艺设计、飞机装配数字化公差设计、数字化飞机装配工艺仿真和优化等内容。

2.1 飞机装配协调体系

互换协调是飞机制造过程的主要特点,并贯穿于始终。在传统飞机制造过程中,当飞机设计人员完成飞机的外形设计后给出的设计结果,仅是飞机各部件(机翼、尾翼和机身)的一系列切面数据(型值点列),部分区域给出一些二维曲线方程,而不是全机外形的精确描述。这样的设计结果(图纸和一系列数据表格)并不能用来直接制造飞机,而是不得不采用模线样板工作法来精确地描述全机外形,并以实物标工的协调形式将几何外形传递到零部件产品中。随着数字化技术的深入应用,通过建立起全机外形数学模型,作为生产中传递飞机外形及结构几何形状和尺寸的原始依据,并用基于数字标工模型(digital master tooling, DMT)的数字化协调法替代传统实物标工协调法,以数字量传递方式实现全机协调。

2.1.1 传统实物标工协调技术

由于飞机结构复杂,质量要求高,决定了飞机零部件外形和交点具有特殊的互换协调要求,传统飞机制造中采用模线样板—标准样件工作法来保证互换协调,它是用模线样板实体和标准样件实体来表达产品的外形和结构,并以此作为各个零部件制造和检验并保证协调的依据[1, 2]。图 2-1 是模线样板—局部标准样件之间的协调系统。从协调过程可以看到,传统的将产品理论尺寸传递到工装上去往往要经

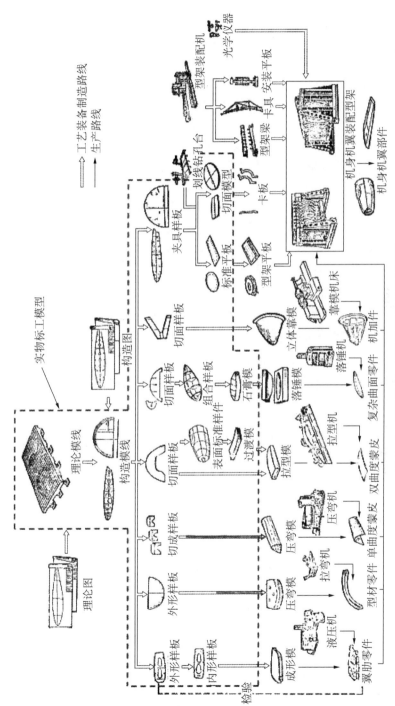

图 2 - 1 模线样板—局部标准样件协调系统

过很多传递环节,多次反复的移形过程。在移形过程中,是通过实物(模线、样板、标准工装等)模拟量将机体上某一配合或对接部位中的一组或一个协调尺寸和形状传递到有关工装上去,之后工装反过来进行零件的生产制造装配。

图中用虚线框标注的是标准工艺装备,也可称为标准工装或主工装,是一种以1:1真实尺寸的实物形式(二维模线样板实体和三维的标准实体样件,即实物标工模型)来体现产品某些部分外形、对接接头、孔系之间的相对位置准确度及其几何形状和尺寸在产品图纸规定的公差范围之内的刚性模拟量。它确定了产品部件、组合件或零件各表面(或外形)、接头、孔系之间的相对正确位置。标准工装作为一种标准尺度,它的功用是用于制造、协调、检验、复制其他制造方法不能达到协调准确度要求的有关工装,确定有关工装之间重要接头、外形、孔系定位件的相对位置,是保证生产用的工装之间、产品部件和组件之间的尺寸和形状互换协调的重要依据。实物标工模型是以实物形式存在的,在国外称之为"硬标工"。

这种以实物标工模型来传递产品形位和结构的模拟量协调方法,在实施过程中具有很大局限性。我国在20世纪某型号飞机研制过程中所采用的实物标工模型近七百项,其研制费用达数千万元,而且由于协调路线长使得协调误差积累较大,造成大量返工现象,既延长了制造周期,又显著增加了制造成本。

2.1.2　飞机主几何的发展

在飞机研制过程的总体设计和初步设计阶段,由飞机总体设计组给出的全机气动理论外形是全机协调关系的最原始依据,是后续飞机产品结构设计的外形基准,西方国家称之为主几何(master geometry)。飞机制造过程的本质是通过一系列方法和手段保证飞机主几何的顺利传递,并最终物化到物理飞机上,实现全机协调。在先进的数字化制造系统中,随着计算机技术和MBD制造技术的深入应用,主几何的概念也发生了很大变化。它不仅指飞机的气动理论外形,而且是整个飞机的基准样机,其作用就是作为飞机设计过程中的外形和定位基准。在数字化环境下运用数字化主几何进行飞机数字化设计与制造,形成了全新的数字化装配建模理论与方法。主几何根据飞机研制过程中的不同设计阶段分为飞机主几何与部段主几何,具体包括:

(1) 飞机或部段所有的外部几何形状,即飞机主尺寸表面(master dimension surface, MDS)。

(2) 反映全机框、梁、肋、长桁及主要交点结构位置关系的全机基准线和基准面,合称主几何基准。

(3) 所有表达飞机零部件及装配元素空间位置关系、用来定位子装配件必需的飞机坐标平面(即飞机坐标系统)。

2.1.3　数字化协调体系

伴随着民机转包项目的进行,数字化技术率先在民用飞机研制中得到推广,随着三维数字化产品定义技术、高精度数控加工技术、数字化测量技术的发展，基于DMT的数字化协调技术逐步取代传统协调技术，以数字量传递方式实现产品协调。相对于以实物刚性模拟量形式存在的实物标工模型，数字标工模型是以虚拟数字量形式存在的数字化飞机产品定义模型。

2.1.3.1　数字标工模型定义

数字标工模型，也称数字化主工装或数字化标准工装，是包含并通过统一基准系统(坐标系、主尺寸表面、几何基准)和实体几何(几何形状、尺寸公差)反映飞机产品结构之间、工艺装备之间、飞机产品与工艺装备之间协调关系的、以数字量形式存在的3D数字化飞机产品或工艺装备几何定义模型，并作为设计、制造、检验所有飞机产品零件加工工装、装配工装、检验工装的数字量标准。它通过建立统一的基准系统规定了飞机部件、组件、零件及工艺装备等所有要素在虚拟空间环境中的相对位置关系，并采用一致的几何形状与尺寸及合理的公差分配达到各要素间的准确协调，是保证不同生产单位或同一单位内部各个生产过程中的生产工艺装备之间、飞机产品零部件与生产工艺装备之间、飞机产品零部件之间形状与尺寸互换协调的唯一依据。相对于"硬标工"，数字标工模型在国外也称为"软标工"，是数字化协调技术的核心部分。

2.1.3.2　基于DMT的数字化协调原理

基于DMT的协调方法称为数字标工协调法，它是在统一基准下把产品协调部位尺寸与形状信息通过数字量方式直接传递到产品或生产工艺装备的过程，保证生产用工艺装备之间、生产工艺装备与产品之间、产品部件和组件之间形状和尺寸的协调互换。数字标工协调法通过在数字标工模型中建立起统一的基准系统、一致的几何模型以及合理的公差分配，以及数字标工模型中的这些基准、几何形状与尺寸公差元素在数字化设计、制造、检测系统中的合理传递，解决全机数字化协调问题。数字标工协调法使数据集成为制造和检验产品结构单元的唯一协调依据，并通过计算机辅助工装设计、数控加工和数字化测量系统来实现。数字化协调系统采用MBD数字化产品定义和数字化互换协调方法后，工装设计部门的设计依据是产品数据集，工装设计部门发出的是按产品要求的工装数据集，工装的制造和检验均以产品数据集和工装数据集为依据，摒弃了传统上采用模拟式实物模型的互换协调方法[3]。基于DMT的数字化协调技术原理如图2-2所示。

作为基准样机的飞机主几何模型，确定了飞机全机外形几何，建立了飞机各部段相对空间位置关系的坐标系统和坐标平面，包含了定位飞机主要框、梁、肋、长桁和主要结构交点等零部件结构特征位置关系的主几何基准，是飞机协调过程中的最原始依据。在飞机主几何模型等统一基准的基础上，通过飞机部件、段件结构空间分配以及对基准系统的继承和扩充，在虚拟环境中用3D数学模型精确描述出各飞机零部件正确的空间位置和协调一致的几何形状和尺寸关系，形成工程数据集。在

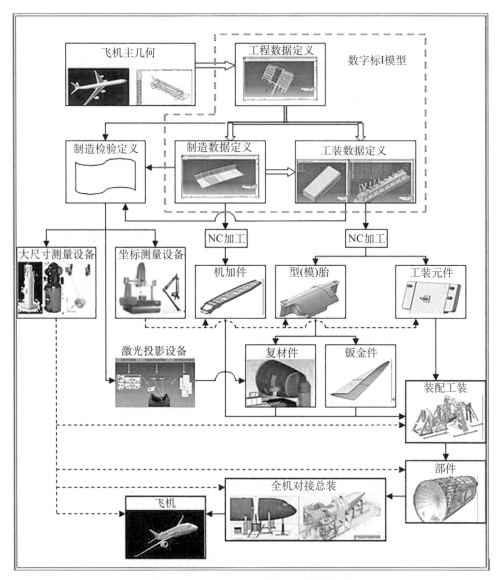

图 2 - 2 基于 DMT 的数字化协调原理

工艺设计过程中,工艺人员根据装配和加工工艺需要,在飞机零部件模型基础上增加定位用的结构特征与工艺基准,形成制造数据集;工装设计人员根据制造工艺与零部件的交付状态要求,结合零部件模型中的基准系统与几何形状,在虚拟环境中精确设计出能完全定位飞机零部件并具有正确协调关系的 3D 工装数学模型;对于装配工装,还要在工装零件模型的恰当位置上设计出光学测量安装用的工具球孔特征,并在工装坐标系中给出正确的孔位数据,形成工装数据集;同时,检验人员根据产品检测原则形成零部件和工装的检验数据集。然后,根据独立制造原则,利用数字化加工设备和测量设备对飞机产品和生产工艺装备中具有精确协调关系的零件外形及其定位元素进行数字化制造与数字化检测,制造出外形与尺寸满足数字标工模型设计要求的飞机产品零件和工装零件。在数字化标工协调法中,用数字化测量系统(如激光跟踪仪、电子经纬仪、室内 GPS 等)对装配工艺装备进行安装检验。通过测量工装骨架上的光学工具球孔位置,与工装数模中的光学工具球孔理论坐标值拟合后,在测量软件系统中建立起工装的设计坐标系;所有其他工装定位器的安装都采用光学测量系统在此设计坐标系中进行,使得装配完成的工装符合设计时的定位功能与协调要求,并使最终装配完成的飞机产品也满足设计时的互换协调要求。

2.1.3.3 数字化协调技术的优点

基于 DMT 的数字化协调法是一种先进的互换协调技术,它以数字标工模型作为设计、制造、检验所有零件、组件、部件及其装配和检验等工艺装备的数字量协调依据,通过保证和协调所有零件加工工装、组件装配工装、部段装配工装和检验工装达到产品零部件之间的协调。基于 DMT 的数字化协调法以数字量的方式对产品、工装在统一基准下进行精确描述,并采用高精度的数字化加工与测量设备将这些数字量物化为模拟量,最终传递到实物上,实现工装之间、工装与产品之间、产品之间的互换协调性。在此协调方法中,通过数字量之间的传递,使得制造环节大大减少,缩短了协调路线,降低了移形误差;采用数定化设备提高了产品和工装的制造准确度,从而提高了协调准确度,保证了工艺装备之间的协调;同时,各类工艺装备平行独立制造,均衡生产,缩短了生产准备周期。

数字标工方法在产品制造的协调过程中,由它直接作为所有生产工艺装备与产品在制造、检测过程中的唯一依据,保证产品的互换与协调。它以数字量传递的协调方法进行工装制造,节省了大量的模拟量移形工装(包括标准工装和过渡模型)、部分生产用工装和检验工装,减少了大量的形状和尺寸传递的中间环节,基本解决了由于设计原因造成的工装返修问题,大幅度地缩短了工装设计周期,简化了工装设计、制造和检验过程。数字化标工的应用使得传统标工的应用大幅度减少,如 F-22 的制造中数字标工的应用使得超过 270 套实物标工被取消。在近年来国外如空客和美国波音等公司在研制新机过程中都不再使用实物标工或实物样件的传统方法。

2.2 飞机装配数字化工艺设计

2.2.1 飞机数字化工艺设计流程

飞机工艺设计流程是规划产品制造方法、生产步骤,并将产品设计几何数据模型转换成有层次性的工艺过程数据模型的过程。从宏观上,工艺设计流程可分为工艺方案规划和详细工艺设计两个阶段,有明显的串行关系。但在并行协同研制过程中,对工艺类型与工艺活动阶段进行细分,并与产品设计过程的不同阶段进行关联。

按照产品、部件、组件、零件的产品结构层次关系,将工艺设计类型划分总装工艺、部装工艺、组装工艺及零件工艺。各类工艺活动在产品的不同设计阶段与数字样机等级时启动,达到产品设计与工艺设计过程的并行协同关系。如图 2-3 所示,总装工艺在飞机主几何数据预发放时启动;部装工艺在一级数字样机建立时启动;组装与零件工艺设计分别在二级数字样机和三级数字样机批准发放时启动。在流程的重要节点,设立阶段评审机制,通过组织由工程分析人员、制造工艺人员、工装设计人员、材料供应员及其他相关人员组成的评审小组对本阶段工作内容进行评估,各成员从专业的角度分析与评价设计工作,共同负责提出合理的综合性建议,帮助设计人员改进设计工作,并在批准预发放或最终发放的数据文件上签字,对此承担责任。

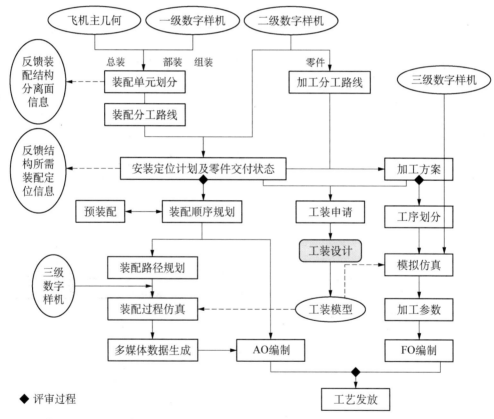

图 2-3 飞机工艺设计流程

在整个工艺设计流程中,可分为产品结构分解、定位方法与零件交付状态制订、工艺顺序规划、工艺过程仿真及工艺编制几个活动阶段。其中,前两个活动属于工艺方案规划阶段范畴,后三个属于详细工艺设计阶段范畴。工艺方案规划人员首先按照产品结构的设计分离面,将产品结构划分成几大部件;再根据一级数据样机设计结果,考虑部件结构特点、工厂生产能力等因素,确定各部件的工艺分离面,据此把飞机部件结构划分成结构上相对独立的、工艺上相对简单的组件制造单元,形成总装、部装及组装三级装配工艺。根据装配单元的划分结果,制订各个部件、组件制造单元的装配单位,即确定装配分工路线。装配工艺方案规划人员的另一个任务是根据产品结构特点及装配单元划分,确定装配对象的安装定位方法及其交付状态,并按此需求确定所需的工装类型、结构,提出工装需求申请,启动工装设计流程。在装配方案制订过程中,根据装配单元的划分结果及装配对象的交付状态要求,确定零件因制造过程的需要而留有的余量、导孔和其他要求,向产品设计组提出设计建议,调整产品单元组织结构和零件结构形状,表达零件在制造过程中不同阶段的不同状态特性,形成满足装配工艺要求的零部件数据模型及产品结构树。

结合方案规划过程划分各个装配单元,分别进行总装、部装及组装三级装配工艺的详细设计,确定装配单元中各零部件对象的装配顺序,设计出这些对象在装配过程中的运动路径,并结合工装设计结果,进行装配过程的仿真,解决装配过程中可能存在的碰撞与干涉现象,使装配工艺尽可能达到最优。同时,根据装配仿真结果,生成装配工艺图解、装配过程动画等多媒体数据,编制成装配工艺数据文件。

2.2.2　基于 MBD 的数字化装配工艺设计及应用流程

在全三维的模式下进行装配工艺的设计将与传统的二维模式产生很大的不同,使得设计、工艺和工装部门可以并行工作,并采用软件工具辅助工艺员、工装设计员进行工艺和工装的设计,确定关键特性和协调方案,制订装配流程、装配方法及各装配环节所需要的制造资源。但不论是传统的串行研制模式,还是当代兴起的并行研制模式,工艺设计工作的内容并没有发生改变,只是工艺设计的过程与手段发生了改变,并引起数据表达与数据表现形式的改变。飞机装配工艺设计的工作主要包括:装配工艺规划,就是分析飞机的结构和特点,确定装配方案;详细工艺设计,在完成工艺方案后确定装配前主要零组件的交接状态及产品完工状态、对部件的具体装配过程进行精确到每个零件、标准件的详细的装配过程规划,创建装配流程及主要工序,确定装配产品所需的所有工艺和资源。装配工艺活动的信息模型如图 2-4 所示。

MBD 技术应用以前,装配工艺设计工作以工程图或工程图纸为主要工作依据。采用 MBD 技术后,产品结构设计工作的结果是数字状态的三维数模,不再生成纸质形态的工程图纸,MBD 技术不仅为实现全机 100% 的数字化产品定义、100% 三维数字化预装配技术、100% 数字化产品工装设计,使产品的设计方式发生了根本变化,而且它对企业管理及设计下游的活动,包括工艺规划设计、车间生产应用等产生重大影响。因此,对于工艺设计人员、生产装配现场的操作人员与技术人员,他们的工作依据与工作方式也发生了深刻变化。

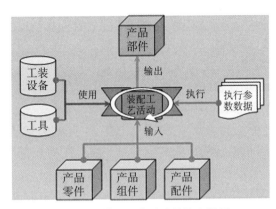

图 2-4　装配工艺活动的信息模型

通过把基于 MBD 的飞机数字化产品定义和协调系统、以工艺活动为中心的数字化工艺数据组织与管理系统、数字化工艺现场应用系统和在线数字化测量系统各部分有机整合起来,就形成一个完整的基于 MBD 的飞机数字化制造技术体系,完全采用数字量协调,真正实现全数字化、无图纸设计制造技术。因此,在飞机制造过程中采用 MBD 技术,将彻底改变产品数据定义、生成、授权与传递的制造模式,实现三维数字化定义、三维数字化工艺开发和三维数字化数据应用。基于 MBD 的飞机数字化装配工艺设计及应用流程如图 2-5 所示[4]。

基于 MBD 的飞机数字化装配工艺设计及应用框架是三层结构:MBD 体系规范层、MBD 工艺开发层和 MBD 数据应用层。其中,MBD 体系规范层是建立的用于指导工艺开发层和数据应用层的一些标准和规范,包括:基于 MBD 的建模规范,基于 MBD 的工艺设计规范,基于 MBD 的工装设计规范,基于 MBD 的装配仿真规范等;MBD 工艺开发层是对装配工艺进行设计,具体工作是通过工艺方案设计完成装配工艺数模的构建和借助 DELMIA 软件的 DPM 模块通过装配工艺仿真完成详细工艺设计,最后生成装配工艺信息;MBD 数据应用层是将工艺开发层生成的装配工艺信息进行有效的组织,最后构建出用于指导装配工作的三维装配指令。

在该流程体系中,通过建立 MBD 的数字化定义规范,采用三维建模进行数字化产品定义,建立起满足协调要求的飞机全机级三维数字样机和三维工装模型。工艺人员在 MBD 的工艺设计规范的指导下,直接依据三维实体模型开展三维工艺设计,改变了以往同时依据二维工程图纸和三维实体模型设计产品装配工艺和零件加工工艺的做法。依据数字化装配工艺流程,建立起三维数字化装配工艺模型,通过数字化虚拟装配环境对装配工艺过程进行数字化模拟仿真,在工艺工作进行的同时及飞机产品实物装配之前,进行制造工艺活动的虚拟装配验证,确认工艺操作过程准确无误后再将装配工艺授权发放,进行现场使用和实物装配。在数字化装配工艺模

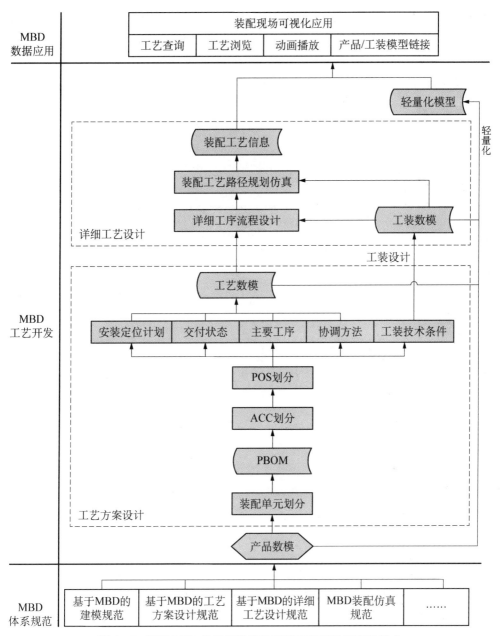

图 2-5　基于 MBD 的飞机数字化装配工艺设计及应用模式

拟仿真过程中生成装配操作过程的三维工艺图解和多媒体动画数据,结合装配工艺流程建立起数字化装配工艺数据,为数字化装配工艺现场应用提供依据。

2.2.2.1　基于 MBD 的工艺方案设计

工艺方案是指导详细工艺设计和工装设计的主要依据,它们对组织生产、保证产品质量、提高生产率、降低成本、缩短生产周期及改善劳动条件等都有直接影响，工艺方案设计是整个生产流程中的关键性工作。装配工艺方案就是分析飞机的结构和特点，确定装配方案。

设计部门的三维 MBD 模型为工艺部门提供了数据基础。基于 MBD 的工艺方案设计的具体步骤为：

首先，直接依据 MBD 三维产品数模进行装配单元划分，构建出 EBOM；

其次，将 EBOM 转换为 PBOM；

然后，在形成的 PBOM 基础上，划分出 ACC 级装配单元，再将各个 ACC 装配单元划分出 POS 级装配单元；

最后，以 POS 级装配单元构建装配工艺数模，即确定每个 POS 级装配单元的安装定位计划、交付状态、主要工序、协调方法和提出工装技术条件。

基于 MBD 的装配工艺方案设计流程如图 2-6 所示。

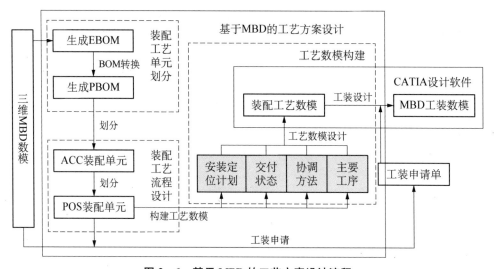

图 2-6　基于 MBD 的工艺方案设计流程

从图 2-6 可以看出，基于 MBD 的工艺方案设计主要有三部分内容：装配工艺单元划分、装配工艺流程设计和装配件工艺数模的构建。工艺方案设计的依据是三维 MBD 数模，工艺方案设计的结果是以 POS 为单元的装配工艺数模，并对每个装配工艺数模提出工装申请，使工装设计部门依据装配工艺数模和工装申请单进行工装的设计。

(1) 装配工艺单元划分。装配单元划分，即飞机结构工艺分离面的划分，是飞机装配中一项极为重要的设计任务。合理划分飞机结构的工艺分离面，能够提高装配工作的开敞性，可以达到改善装配工作效率，缩短装配周期，优化装配工艺过程，并提高产品的装配质量。同时，由于增加了平行装配工作面，为提高装配工作的机械化和自动化程度创造了条件。因此，工艺分离面的合理划分，便于安排和组织生产，有着明显的技术经济效果，应周密地进行考虑和研究，以便求出最合理的划分方案，不仅满足结构上和使用上的要求，而且还要满足生产上的要求。

装配单元划分的一般原则：

a. 尽量减少装配总装架内工作，能分出的装配单元尽量分出，应尽量多采用分散装配，尽可能多的形成大型组件，避免以散件形式进入总装。

b. 壁板尽量划分出来，单独进行装配，即结构设计中尽量壁板化，缩短装配周期。

c. 工艺分离面上的协调部位应尽可能地减少。对有协调要求的必须有相应的措施，如设计补偿、工艺补偿或者工装保证。

d. 工艺分离面上结构件之间的装配关系应采用对接形式或搭接形式，避免采用插装。

e. 工艺分离面上结构连接应有充分的施工通路。有特殊装配环境要求和特殊试验要求的装配单元应尽量划分出来。

f. 要考虑装配型架的复杂程度，还要便于建立装配流水线，使部件总装架内的装配周期缩短到最低程度。

以上所列只是装配单元划分的一般原则，具体如何实施要根据具体的情况而定，选取工艺分离面时应结合生产性质（试制、小批量或者大批量生产）、年产量、生产周期、成本等因素进行综合考虑。

装配工艺单元划分的任务是依据三维 MBD 数模生成 EBOM，然后通过 BOM 转换生成 PBOM。工程物料表（engineering bill of material，EBOM）是由工程零件的结构关系定义的产品结构树，即按设计要求划分而成的结构和各零、部件的组成关系。EBOM 包括零件、装配件、安装件、组件以上下级的形式构成的产品结构树，表达了飞机按设计分离面划分而生成的结构和各零部件的组成关系，它会因架次和构型的不同而改变，即对应于每种构型都会有不同的产品结构树。工艺物料表（process bill of material，PBOM）是飞机装配过程中所用到的物料表，它反映了装配信息，PBOM 中的树形结构就是装配工艺树。在 EBOM 的产品基本结构关系基础上，为满足制造工艺需要，PBOM 中增加由工艺部门局部改变零、组件装配结构关系而定义的工艺组合件，并增加零、组件制造工艺路线等工艺信息，同时过滤去掉 EBOM 中零、组件部分属性信息。

PBOM 是由 EBOM 经过转化而来的，在对工程结构树 EBOM 进行调整生成装配结构树 PBOM 的过程中，主要出于以下考虑：

a. 定位方式和工装夹具。有时考虑定位方式和装配夹具制造需要将工程结构树中有些安装或装配工作提前或推后进行，甚至可能把某些零组件放到其他的装配工作中进行，这就要对 EBOM 中的结构顺序进行调整。

　　b. 装配工艺细化。对原来的装配过程进行细化就要在结构中加入中间状态的装配虚拟结点。这种细化就促成了原来按飞机设计分离面进行划分而形成的工程结构树逐步走向按工艺分离面进行划分的工艺结构树。

　　c. 生产进度和资源。为了缩短生产周期可能将原来串行进行的工作调整为并行的工作方式；为了使用有限人力资源和设备可能将原来并行进行的工作调整为串行的工作方式。

　　d. 其他因素，如工厂的实际生产情况、现有设备的先进程度、工人的劳动技能和制造过程的管理体制等。

　　在形成 PBOM 过程中，由于考虑工艺方面的因素对原结构进行修改的同时，要使 PBOM 数据与 EBOM 中的数据保持一致，这包括不能在原结构中增加和删除零组件、改变所用零件的数量以及改变部件之间的安装关系等。因而调整的方法主要有：增加工艺构型节点、删除工艺构型节点、修改节点描述、移动节点子树等。

　　(2) 装配工艺流程设计。产品装配工作由一系列装配工艺活动组成，依据飞机产品生产过程中各工艺活动之间的先后顺序关系，把它们相互连接起来，形成装配工艺流程。工艺流程的组织分四个层次：ACC 级飞机装配工艺数据组织层、POS 级飞机装配工艺数据组织层、JOB 级飞机装配工艺数据组织层和级飞机装配工艺数据组织层。其中 ACC(assembly control code)是装配控制码。POS(position)是对 ACC 细化的结果，与 POS 相对应的是工位。JOB 划分是将 POS 所包含的装配内容按工艺要求划分为一项项的工作，每个 JOB 对应一个人单独完成或多人协同完成的一项工作，也对应装配中的一道工序。STEP 是装配工艺流程的最小、最基本的工作单元，在 STEP 中要求用准确的语言描述操作过程、定位方法和基准、加紧方式、专用工具、量具以及辅助材料等，对应装配中的工步。四个层次装配工艺流程之间的关系是 ACC 层包含 POS 层，POS 层包含 JOB 层，JOB 层包含 STEP 层。如图 2-7 所示。

　　为了更好地组织飞机装配过程，需要在装配单元划分的基础上，建立起组织飞机装配过程与装配数据的装配工艺流程单元，对装配工艺活动进行有层次的组织。在装配工艺策划阶段开展飞机装配工艺流程设计的主要任务是按照自顶向下的原则，并综合考虑产品结构、工艺、时间，以及场地、人力和设备等制造资源的各方面因素，将飞机的整个装配过程按 ACC、POS 层次关系划分成一个个装配工艺流程单元，从而形成 ACC、POS 层装配工艺流程。

　　装配工艺流程设计的主要原则有：

　　a. 工艺分离面的划分；

　　b. 一般顺序：小组合件→大组合件→分部件→部件；

　　c. 基准的选择。如以骨架为基准，则应先骨架后蒙皮；

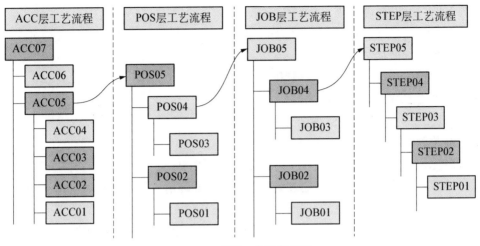

图 2-7 装配工艺流程组织

d. 前道工序不应影响后道工序；

e. 内部结构件及系统件能在前道工序安装的不应转到后道工序；

f. 易损组件的装配顺序应尽量往后安排；

g. 部件结构的完整性。

ACC 层装配工艺流程设计是以 ACC 为工艺流程单元,建立起装配产品在装配车间各 ACC 装配流程单元之间的工作关系和流程顺序,也即建立与 ACC 相对应的站位之间的装配产品流动关系,ACC 的划分与工作地有很大关系。ACC 是按一定的工作量和由产品工艺分离面确定的进度、成本、质量来控制和生产组织单元的。在划分 ACC 时应尽可能使每个 ACC 的工作量近似相等,这样有助于装配流程的平衡和装配节拍的协调。但在实际生产过程中,只经过一次 ACC 划分是不可能完全做到各 ACC 的工作量一致。因此,对 ACC 的结构调整与生产平衡是经多次反复逐渐形成的。

POS 工位层装配工艺流程设计是以 POS 为装配工艺流程单元,在站位 ACC 流程单元中建立与 POS 相对应的工位之间的装配产品流动关系,表示本站位中各 POS 装配流程单元之间的工作关系和流程顺序。POS 是对 ACC 细化的结果,将 ACC 按照装配线上进行生产活动的地理区域以及区域中相对固定的人员、工艺装备、专用工具和设备等进行划分,形成若干个空间上相对分离的产品制造活动中心,对应于这些活动中心的也就是 POS。

将 ACC 划分为 POS 时,要体现精益生产的思想。划分的主要依据如下:

a. 尽量考虑将不需转移工作地的装配工作划分到一个 POS 中,一般情况下,针对每个装配型架上的装配工作都划分一个 POS;

b. 对于 ACC 中需要大幅度转移工作地而工作量又不足以划分为一个 ACC 的

工作(如自动钻铆、喷漆等),将划分为 POS;

　　c. POS 划分也与工作量有关,在工作地相对稳定的情况下,应尽量保证各 POS 中的工作量近似相等;

　　d. 由于工位在工时定额分配和工人工资计算上为一个单独核算单位,因而对 POS 的划分还应考虑这方面的因素。

2.2.2.2　基于 MBD 的详细工艺设计

　　在装配工艺详细设计阶段的主要任务就是确定工位、工序、确定装配方法,并完成各装配环节所需资源的关联,最后生成装配工艺文件。依据方案设计过程中建立的三维数字化装配工艺模型,通过数字化虚拟装配环境对装配工艺过程进行数字化模拟仿真,在工艺工作进行的同时及飞机产品实物装配之前,进行制造工艺活动的虚拟装配验证,确认工艺操作过程准确无误后再将装配工艺数据按照一定格式导出。详细工艺设计可借助 Dassault 公司的 DELMIA DPM 平台通过工艺仿真来完成。

2.2.2.3　适应 MBD 技术的装配工艺现场应用

　　装配工艺现场应用,即装配工艺现场可视化技术,是把产品设计信息、制造资源信息和工艺设计信息整合后以数字量的形式传递到车间现场,并展示出来的方法。随着数字化技术的飞速发展,国内外主要的航空航天企业已在新型号飞机的研制中广泛使用数字化手段进行产品设计、工艺设计、工装设计,特别是在虚拟制造环境下进行三维的数字化装配工艺设计和装配过程仿真,并将设计的工艺和仿真的结果用于车间现场真实的产品装配,这就为现场可视化装配带来了可能性。波音、空客和洛克马丁等飞机制造公司已经在装配现场用电脑来查询装配信息,极大地提高了工作效率和准确率。

　　在 MBD 制造模式下,通过三维数字化产品与工装协调建模及三维装配工艺仿真设计,在形成飞机装配工艺流程信息的同时,制作相应的飞机三维结构生产图解与多媒体装配过程动画,用于在装配工位现场指导装配。这些多媒体工艺数据及其三维数字化产品、工装数据完全替代了二维的工程图纸和纸质工艺指令,成为对工人进行技术培训的多媒体资料,以及在生产现场指导工人工作的技术依据。

　　在装配车间的各装配工位铺设网络,架设生产现场数字化应用终端设备,将将三维产品工程数据、三维工装资源数据、操作过程工艺图解和操作动画传递到装配操作现场,运用多媒体的装配工艺信息、三维产品数据和三维工装数据,在数字化环境中指导工人进行飞机的装配工作。飞机数字化装配工艺的现场应用模式如图 2-8 所示。与以往的方式相比,工人减少了看二维图纸和理解工艺规范的时间,并且很大程度地消除了异义,提高了工人工作的准确度和效率。

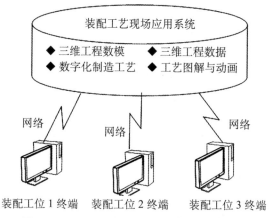

图 2-8 飞机数字化装配工艺现场应用模式

2.2.3 基于 DELMIA 的飞机装配工艺设计

达索公司专注于企业数字化工程,是该领域领军企业,为业界提供当今世界最完整的 3D 数字化制造解决方案 DELMIA (digital enterprise lean manufacturing interactive application)。该方案以工艺设计为中心技术,根据生产企业的实际生产状况和需求,订制客户化的接口程序,保证该工艺系统与上游设计系统和下游生产体系间数据流的通畅性。基于该工艺方案,工程师可以定义设计尺寸,管理原始数模信息,验证工艺规划结果,完成工艺文档并交付生产车间。这个解决方案的关键是包含了一个独特的数据库(PPR-Hub),它建构在达索系统的 PLM 结构的顶层,起到变更控制和配置管理的作用,用以管理产品(product)、工艺(process)和资源(resource)等对象,以及这些对象间的相互关系[5]。

DELMIA 主要有八大模块,即工艺规划、工厂布置、人机工程、工时测量、机器人验证、数控加工仿真和质量保证、工厂流程仿真和生产管理,这些模块按功能又分为两大应用:

(1) DPE——工艺应用。数字工艺工程(digital process engineer, DPE),是DELMIA 软件系统下的工艺规划模块。它是根据产品三维数模的各种信息,在数字化集成应用平台的辅助下,确定各个工艺设计的顺序,对产品进行装配工艺分离面划分,设置各个装配工位。在产品初始设计阶段,基于产品数模中的结构信息,数据信息体现为工程清单或动态测量单元的形式,在该模块中进行工艺设计后,可以将数据信息编辑为工艺文档的形式,生成工艺计划表、工艺路径等,关联工艺与相关资源和产品。该软件能够评估装配制造过程中所有产品、工艺和资源,把上述三者关联形成 PPR 模型,并对其进行管理和组织,实现数据的统计计算、工艺设计评估和工艺规划的输出。主要有 Process Engineer、Industrial Engineer、Process and Resource Planner 等模块。DPE 是通过客户端/服务器(client/server),即 C/S 模式运行的,这样能够保证工艺规划的协同性和并行性,节约成本和时间。

(2) DPM——仿真应用。数字制造工艺,(digital process manufacturing, DPM)主要用来进行工艺仿真、生产线布局和工装仿真等工作,从而验证 DPE 中工艺规划合理性。利用三维数模工艺设计成果,对零件加工过程和产品装配生产进行 3D 模拟仿真验证。分析仿真验证结果数据,拟出工艺规划修改建议,将其同时反馈给产品设计部门、工艺设计部门和生产制造现场。这样不仅提高了产品的可制造性,更从本质上实现设计和工艺并行。通过该技术的应用,在产品实物制造之前,实现了基于计算机快速检测产品的可制造性,为飞机数字化制造技术的大规模应用创造了可能。

2.3　飞机装配数字化公差设计

控制装配误差累积,提高飞机的装配准确度是满足飞机技术性能要求的重要保证,而合理的容差分配方案则是保证装配准确度、控制或补偿装配误差的重要途径。在飞机的研制过程中,合理的容差分配控制着产品的性能、成本和装配工艺性。过紧的容差要求带来较高的设计装配准确度,造成零件容差分配紧,导致制造成本与超差率上升,也带来较好的装配工艺性,使得装配准确度容易保证;过松的容差要求带来较低的设计装配准确度,造成零件容差分配松,使得制造成本和超差率下降,但装配工艺性差、难以保证装配准确度。

2.3.1　尺寸链原理

尺寸链广泛应用于机械产品的设计、制造、装配过程中,它是由早年的机器装配中演化和发展形成的。尺寸链的基本原理可以概括为:用于表示零组件在制造过程中产生的误差在装配中的所形成的各零组件间的尺寸误差和综合误差的相互关系。尺寸链是飞机装配中用于进行容差分析和容差分配的重要工具,进行装配误差累积分析的结果最终体现在装配尺寸链的组成环中。对尺寸链的正确理解和掌握,是进行数字化容差分析的基础。

2.3.1.1　尺寸链的定义和基本概念

若干表示相邻平面或轴线关系的独立尺寸和角度(包括其公称值为零而实际上存在误差的尺寸和角度),可以和因变尺寸(或角度)顺次首尾相连并形成闭合的线路,沿此线路画出标注其全部有关尺寸和角度的简图(尺寸链草图),其形如链条,称之为尺寸链[6]。

如图 2-9 所示的阶梯轴,其中由各轴肩划分了组成其尺寸链的各个环,并要求保证 L_0 的尺寸值在一定误差范围。其关系可以表示为

$$L_0 = L_4 - (L_1 + L_2 + L_3)$$

由零件组成的组件中的尺寸、角度、间隙值、过盈量等组成了尺寸链,每部分称

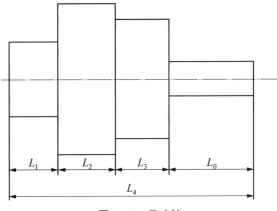

图 2 - 9 尺寸链

为尺寸链的"环"。在一组尺寸链的所有"环"中,有两类不同性质的组成部分,其中一种称为"封闭环",而另外一种称为"组成环"。

(1) 封闭环。通过其他环的尺寸大小而间接确定的最终环,称为封闭环。封闭环可以是尺寸、角度、间隙、过盈量等。在装配中,其他环的误差会累积到封闭环上,因此封闭环体现装配要求,是保证装配准确度的重要指标。

(2) 组成环。在尺寸链中对封闭环产生影响的其他环,统称组成环。组成环的误差是独立存在的,不受其他环影响。唯一影响其误差的就是自身的加工条件。根据组成环变化对封闭环产生的影响,组成环可以分为"增环"和"减环"。

a. 增环。增环是指自身实际尺寸增大(或减小)使得封闭环的实际尺寸产生同向变化的一类组成环。图 2.9 中,L_4 为增环。

b. 减环。减环是指自身实际尺寸增大(或减小)使得封闭环的实际尺寸产生反向变化的一类组成环。图 2.9 中,L_1、L_2、L_3 为减环。

2.3.1.2 尺寸链的分类

尺寸链有各种不同的分类方法,是由于尺寸链的构成随各种机械产品的结构或零件结构不同而有所差异。

(1) 根据尺寸链中各组成环的性质分类。按照尺寸链在空间所占的维度可以分为空间尺寸链、平面尺寸链、线性尺寸链。角度尺寸链可以存在于三者之中,其误差为角度值。

(2) 根据尺寸链在生产中的作用分类。按照生产作用分类可以分为结构尺寸链、装配尺寸链和工序尺寸链。结构尺寸链是指在进行结构设计时,由结构中各零组件的尺寸组成的尺寸链。结构尺寸链主要用于保证结构技术要求;装配尺寸链主要用于分析装配准确度,根据装配协调方案的不同可以建立不用的装配尺寸链;工序尺寸链是指在零件加工过程中,各个工序之间形成的尺寸链关系。每道工序产生的误差累积会影响零件的尺寸公差。

2.3.1.3　尺寸链自动搜索

封闭环为最终对容差分配结果的判断,体现了工艺的要求。在一个尺寸链中封闭环一般只有一个,在尺寸链自动生成中,需要人机交互指定封闭环。通过选择封闭环对应的两个特征面,即可确定封闭环。在进行组成环的搜索时,以封闭环的法向量为尺寸链搜索方向,判断组成环对应的特征面法向量与封闭环法向量的关系,当搜索到的特征面法向量和搜索方向垂直时,该特征面不被选作组成环,继续搜索下一特征面;当特征面法向量不垂直于搜索方向时,该特征面选作组成环特征面。

当确定了封闭环和搜索方向以后,可以通过对飞机产品零部件数模在CATIA中通过相合约束、接触约束、距离约束和角度约束等相对位置关系对于相关特征面提取和判断建立邻接矩阵,形成装配尺寸链,再利用指针对所有邻接矩阵的数据,则可以完成尺寸链的自动搜索功能。

2.3.2　飞机装配容差分析

容差分析是检验产品工艺性的好坏,调整优化容差分配和相关工艺方案的重要依据,决定了产品的质量,生产效率和制造成本。在飞机的研制过程中,由于零部件和工装设备的制造、装配误差,最终在产品上形成误差累积。飞机装配容差分析即通过求解装配尺寸链来分析装配误差累积过程中的零部件之间的关系,把尺寸传递过程中各组成环的误差看做是相互独立的偶然因素,用累积误差的数学公式估算产品装配完成的预期准确度是否达到规定的设计要求。

2.3.2.1　传统的容差分析方法

从尺寸链理论的角度来看,容差分析是解决尺寸链的正计算问题,传统的容差分析方法包括极值法和概率统计法。

(1) 极值法。极值法(worst case tolerance analysis)建立在零件完全互换的基础上,考虑最不利的极端情况,是最简单的一种尺寸链计算方法,主要应用于线性尺寸链的计算。极值法不考虑各组成环尺寸的实际分布情况,以各组成环均出现极值(最大值或最小值)为出发点来计算封闭环,其优点是简便、可靠;其缺点是没有考虑到各组成环误差的分布情况,且计算保守,当封闭环容差小,组成环数目多时,会使组成环容差过于严格,造成加工困难,导致生产成本提高。因此极值法多用于计算封闭环精度要求较高,组成环环数较少($n \leqslant 3$)和封闭环精度要求较低,组成环环数较多的尺寸链。

(2) 概率统计法。概率统计法(statistical methods)是根据组成环实际尺寸的分布规律应用概率理论来求解尺寸链的方法。概率统计法以保证大数互换为出发点选择一定的置信水平,当封闭环趋于正态分布时,取置信水平 P 为 99.73%。概率法还要求明确各组成环误差的大小和分布情况,用以估计统计参数的取值,通常以分析类似生产条件下获得的统计数据来确定。通过建模和累计运算,这种组成环误差的分布规律可以用来预测封闭环误差的分布。概率统计法一般适用于计算组成环环数较多且封闭环精度高的尺寸链。

2.3.2.2　基于蒙特卡洛模拟的容差分析方法

蒙特卡洛模拟法是一种建立在概率论和数理统计基础上,通过对问题参数的随机模拟和统计实验来求解问题近似解的数学模拟方法。将其运用于容差分析的基本思路是:通过对各种不同分布的组成环容差进行随机抽样,以模拟封闭环容差的概率统计模型,最后进行统计处理获得封闭环容差的渐进统计估计值。

由于飞机研制过程的复杂性和特殊性,大规模地对各类误差进行随机抽样试验显然不切实际,但随着计算机技术的快速发展以及相关数学理论的支持,使得利用计算机技术进行误差累积的模拟试验成为可能。基于蒙特卡洛模拟法的容差分析,就是把封闭环尺寸看做一个目标函数,将各组成环尺寸看做是一个个随机变量,通过求解一组随机变量的数学统计问题来实现容差分析。基于蒙特卡洛模拟法的容差分析流程如图 2 - 10 所示[7]。

2.3.3　基于特征的 MBD 容差建模

随着 MBD(基于模型定义)技术在航空制造业的深入发展和广泛应用,飞机的研制模式发生了根本的变革。传统的以数字量为主、模拟量为辅的协调工作法开始被全数字量传递的协调工作法代替,三维数模已经取代二维图纸,成为新机研制的唯一制造依据。

传统的数字化制造中,三维数模不具有工艺信息,通常采用发布三维几何模型和容差二维图纸的做法。这种方式离散了产品设计与制造的过程,可能产生潜在的CAD 模型与图纸之间的冲突。现有 CAD 系统的核心是一个实体造型器,缺少有效的容差信息表示。

2.3.3.1　容差建模要求

在 MBD 条件下,不仅要求将容差信息标注在三维数模上,更需要将产品的特征元素信息、装配语义信息、基本容差信息及附加容差信息等,通过分类、组织以达到符合工程人员阅读和提取的要求,改变二维图纸表达容差信息的弊端,使 MBD 容差模型成为实际生产中进行容差分析、分配的唯一标准。

基于特征进行 MBD 容差建模需要满足如下要求:

(1)建立精确的零件特征信息和特征元素信息模型。航空制造业流行的CATIA 软件的实体造型模块都是基于零件特征的造型。典型的零件特征如:凹槽、凸台、孔等。这些零件特征信息又可以向下分解为点、线、面等几何拓扑信息,称

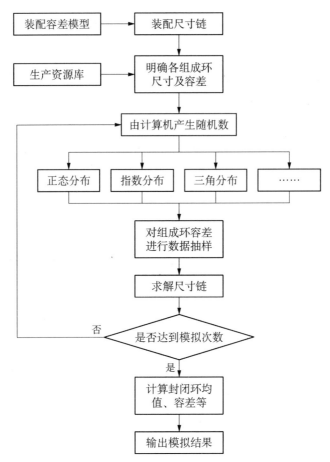

图 2 - 10　基于蒙特卡洛模拟法的容差分析流程

为特征元素信息。产品的尺寸容差信息、形位容差信息及表面粗糙度等都与特征元素信息相关,要实现 MBD 条件下的容差建模,就必须建立精确的零件特征信息和特征元素信息模型。

（2）建立产品的装配语义信息模型。在造型软件里零部件之间是通过相关的装配特征联系在一起的,这些装配特征就构成零部件之间的装配语义。如叉耳对接、销钉连接、螺栓连接等。这些装配语义不仅构成了零件几何层面上的配合约束关系,也体现着装配顺序、协调基准、装配尺寸链等工程语义信息。因此,为了更完整的表达产品容差模型,需要在精确的零件特征信息和特征元素信息的基础上建立产品的装配语义信息模型。

（3）零部件基本容差信息和附加容差信息建模。MBD 条件下,要求带容差进行装配,这就不仅需要建立零部件相关的尺寸、形位容差、表面粗糙度等基本容差信息,还需要产品的尺寸链信息、装配基准等附加容差信息,这是后续产品容差分析和容差分配的基础。因此需要进行零部件的基本容差信息建模和附加容差信息建模。

根据以上要求,可以给出基于特征的层次结构进行容差建模,将产品的特征元素信息、零件特征信息、基本容差信息、附加容差信息等关联在一起形成产品的MBD容差模型。

2.3.3.2　基于特征层次结构

根据产品装配信息抽象程度的不同,可将产品的容差模型的层次结构划分为装配关系层、零件关联层、特征层、容差信息层和特征元素层五个层次。

装配关系层主要记录产品与相关部件和零件的逻辑包含关系,记录装配体的序号、名称等管理属性信息,装配体的组成零部件及装配工艺信息、装配约束信息、装配协调路线等工程语义信息。

零件关联层主要记录组成装配体的零件及其之间的关联关系,并记录零件的序号、名称等管理属性信息。

特征层主要记录零件特征的名称,特征的序号,特征的参数类型和参数值的信息,并且标记与制造、装配相关的重要特征的信息。

容差信息层主要记录产品的基本容差信息和附加容差信息。基本容差信息包括记录零件的尺寸容差、形位容差、表面粗糙度等零件精度信息;附加容差信息主要记录装配尺寸链及装配基准等信息。

特征元素层主要记录零件特征的几何元素信息,提供容差信息层的几何精度所对应的边界条件信息,包括基本的几何信息、与特征相关的面信息;同时该层还记录包括点、线、面信息的精确几何信息,可以实现相关特征运算。

采用基于特征的层次结构建立容差模型,可以有效地对容差模型中的各相关信息进行分类,满足了对MBD容差模型的相关要求,为进一步对容差模型进行结构树的组织打下了基础。

2.3.3.3　容差结构树的内容

MBD容差模型与包含图纸的数字化定义方法完全不同,其通过产品结构树来组织管理模型信息。产品结构树关联了各种类型信息节点,融合了几何模型、几何特征描述、相关设计数据与附加元素,能够完整表达装配体容差信息。采用分类集合的方法,能够对产品相关信息分类组织。通过在结构树上的选取,可以快速获得相关的产品信息。

根据基于特征的层次结构的要求,容差建模的结构树可以按照各分层进行设计和组织。通过对CATIA的结构树进行修正,基于特征层次结构可以建立MBD容差模型(见图2-11)。

(1) 模型基本信息。模型基本信息是整个模型建立的基础,由基本坐标平面、零件几何体及零件ID号组成。目前CAD系统建模都包含以上信息。

(2) 模型辅助信息。模型辅助信息主要包括参数、关系两类。参数是工程人员在

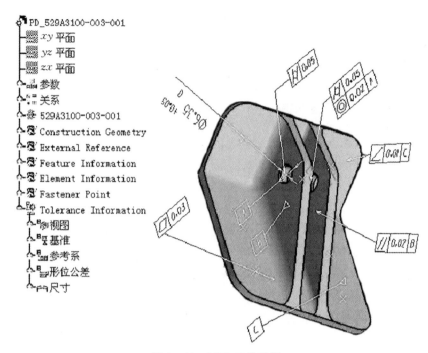

图 2 - 11　MBD 容差模型

设计特征之间关联程度较大的零件或标准件时,建模前预先声明的"代号"。关系是指参数之间的函数关系。参数和关系常共同使用,能方便地表达相关特征间的尺寸关系。

（3）外部基准。外部基准(external reference)分为两类。一类表示模型中的一个关联到其他父产品的局部几何元素,这一局部元素是父子产品的模型间关联关系的载体。另一类表示模型中一个关联到另一个同级产品,并共同关联到一个父产品的特征,表现为另一个同级之间的关联关系。

（4）构造几何。构造几何(construction geometry)是指在零件建模的中间过程使用的特征元素。构造几何信息不是真正构成产品模型的信息,而是在建模过程中所用的辅助建模的元素。如偏置某一面得到需要的面,则偏置前的面信息为构造几何信息。

（5）特征信息和元素信息。特征信息(feature information)和元素信息(element information)原本是在建模过程中逐步产生,共同构成零件体。在 MBD 条件下,为了提取、阅读方便,实现信息的集中管理,可将零件的特征信息和元素信息集中起来,作为结构树的两个节点。通过对特征及元素进行 ID 标号,可以轻松地识别和控制相关的重要信息。

（6）容差信息。容差信息(tolerance information)包括尺寸容差(dimension tolerance)和形位容差(geometric tolerance)。尺寸容差节点用于集合零件体的所有尺寸容差信息;

形位容差节点则集合所有的形位容差信息,每一项容差信息都有 ID 标识。通过对每一个容差信息的注释,描述相关的容差信息与特征信息及元素信息的关系。

(7) 装配容差信息。装配容差(assembly tolerance)是产品进行装配时的重要信息。传统的 CAD 系统没有将装配容差信息反映到三维数模上,不利于工程人员对装配图的理解。通过建立装配容差节点反映装配容差信息,其下辖两个子节点,分别为装配尺寸链和装配基准节点。

采用层次结构建立容差模型,可以有效地对容差模型中的各相关信息进行分类,满足了 MBD 对容差模型的相关要求,为进一步对容差模型进行结构树的组织打下了基础

2.3.4 基于 DELMIA 的面向装配的容差分析技术

目前比较常用的容差分析软件有 eM-Quality 和 CETOL 6Sigma。这两个软件进行容差分析工作的原理是一致的:首先,对产品零组件间的装配连接关系以及零件内部的尺寸容差等信息进行定义,然后提取出相关数据进行容差分析计算,得到容差分析的结果,用于验证容差设计的合理性。目前的装配仿真软件在进行仿真验证时所使用的模型都是不带公差的理想化模型,并且没有装配容差分析功能。在产品的装配性能验证过程中,装配仿真与装配容差分析是相互联系相互作用的两个环节,使用装配仿真软件对装配模型进行装配过程仿真后,紧接着要对其进行容差分析计算,由于两个软件相互独立,装配模型的许多信息可能由于平台的转换造成丢失,因而需要在容差分析软件中进行大量的人工定义,如装配件的装配顺序、尺寸链各组成环的要素、容差的累积方向等信息,同时由于不同人员对容差信息模型的理解有所差异,可能导致分析结果的偏差。

DELMIA 软件没有独立的装配容差分析模块,一方面,在产品的装配分析过程中,装配容差分析功能是必不可少的一环,它是产品质量、零部件精度以及成本控制的重要分析手段,其分析结果对装配设计以及工艺规划有实际的指导意义。另一方面,DELMIA 软件和许多其他仿真软件类似,仿真的模型只是在几何结构上对实际物体的精确表示,却忽略了模型在装配过程中所需要的工程语义信息(如尺寸公差、形位公差等信息),使用理论模型的虚拟装配并没有考虑实际的误差情况,因此在虚拟装配系统中集成装配容差分析功能就显得至关重要。基于 DELMIA 平台,可开发装配容差分析模块,并将其无缝集成于 DPM 模块,构造面向装配的容差分析系统,实现模型信息的完整传递,提高装配仿真与装配容差分析的效率,同时,实现带公差模型的构建,为带公差的干涉检查技术提供模型基础。

2.3.4.1 面向装配的容差分析系统的功能结构

基于 DELMIA 的面向装配的容差分析系统的本质是基于 CAD 平台开发的寄生式数字化预装配系统的装配规划与装配分析模块的集成,包含装配规划与装配分

析这两个主要内容,其主要功能是在产品开发过程中,对产品装配设计结果进行产品装配序列规划以及产品装配路径规划,然后进行产品装配分析,包括装配仿真以及装配容差分析,通过装配仿真实现产品装配的可拆卸性、可维护性分析,利用装配容差分析,控制产品精度、零件精度与产品成本,最终通过这两大功能模块,发现装配设计中的错误与缺陷,指导产品设计与工艺规划,最终通过产品的装配可达性校验,为产品的实际装配提供可靠的支持。

　　装配规划模块分为装配序列规划模块和装配路径规划模块,产品装配分析模块包含装配仿真模块和装配容差分析模块,通过这些模块在功能上以及结构上的组合,及时发现产品设计与装配规划中的错误与缺陷。装配容差分析系统的功能结构如图 2-12 所示[8]。

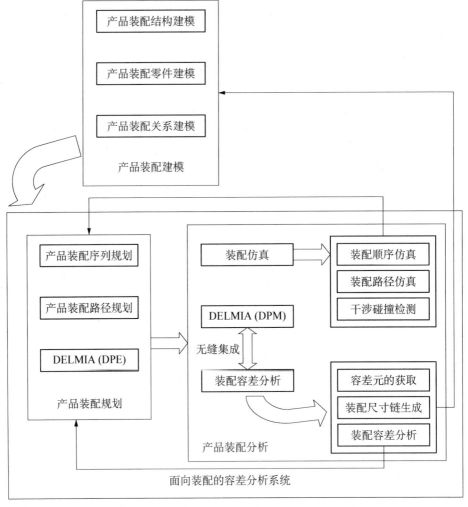

图 2-12　面向装配的容差分析系统的功能结构

　　面向装配的容差分析系统对输入的三维模型有特殊的要求,该三维模型需包含装配结构、装配零件和装配关系等与装配有关的产品信息,因此产品在 CAD 软件中进行装配建模的过程应包含产品装配结构建模、产品装配零件建模和产品装配关系建模。首先使用三维 CAD 系统完成零件的三维建模,完成参与装配的零件信息的建立与管理;然后,使用 CAD 系统完成产品的装配结构建模和装配关系建模,该过程提供产品装配的数字化环境,通过人机交互进行产品装配的规划分析,获得并管理产品的装配组成结构、装配关系模型等信息;最后,使用装配容差分析系统读取装配模型的信息。装配容差分析系统提供从 CAD 系统到装配容差分析系统的模型信息转换接口,实现模型信息的完整传递与管理维护,同时为系统各个功能模块提供与装配有关的产品信息,如装配容差分析模块所需的零件信息、公差信息等。

2.3.4.2　面向装配的容差分析系统的工作流程

　　面向装配的容差分析系统的工作流程如图 2 - 13 所示。

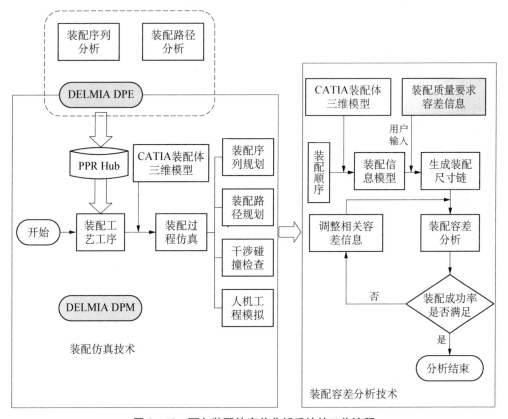

图 2 - 13　面向装配的容差分析系统的工作流程

首先，在 DPE 模块中，对装配体三维模型进行装配序列规划，根据产品各零部件之间的组成关系以及装配约束关系推理得到符合工艺要求的产品装配序列；在已有装配序列的基础上，进行装配路径规划，考虑各零件工作空间的几何与位置信息，生成针对每一个零件的无碰撞无干涉的最佳的装配路径，最后将规划好的装配顺序以及装配路径信息放进 PPR Hub 库中，生成装配工艺文件。

紧接着，在 DPM 模块中，读取 PPR Hub 库中的装配工艺文件，进行装配过程的仿真，包括装配序列仿真、装配路径仿真、干涉碰撞检查以及人机工程的模拟等过程。读取装配工艺文件里的装配顺序信息，将得到的装配顺序进行倒序排列，可获得拆卸顺序，依据拆卸顺序对装配体进行拆卸，开启干涉检查命令，观察并记录拆卸过程中的干涉碰撞情况，验证装配序列的合理性，并使用装配序列优化方法进行优化，最终获得合理正确的装配序列。然后，从装配工艺文件中读取装配路径，依据规划的装配路径进行装配，同样开启干涉碰撞检查功能，对装配路径的合理性与正确性进行检查，通过装配路径优化方法优化装配路径，最终获取合理正确的装配路径。在装配体生成的装配序列与装配路径的仿真过程中，通过干涉检查的方法验证是否存在干涉以及干涉量大小，同时生成仿真报告。在仿真过程中，可加入人这个因素对装配体进行装配，检查出人对装配体的可达性，工作空间的可操作性，人体工作的舒适程度等信息。

最后，通过 DELMIA 软件与装配容差分析模块的无缝集成，实现模型信息的完整传递和装配容差分析对装配仿真的信息实时反馈。在进行装配仿真分析后，可得到合理而正确的装配顺序，由于装配顺序对误差的累积过程起到关键性的作用，装配仿真环节对装配容差分析功能实现的作用显而易见。作为面向装配的容差分析系统的一个重要模块，装配容差分析模块对产品的质量控制和产品的成本控制起到决定性的作用，同时可指导装配设计和工艺设计进行改进。装配容差分析模块主要包含容差元的获取，装配尺寸链的自动生成以及装配容差分析功能。依据装配体三维数字模型，通过对装配体的解析，构建面向公差的装配信息模型，从装配信息模型中提取出装配容差元和零件容差元，根据产品的装配精度要求，确定封闭环，从封闭环的一端开始搜索，依据零件容差元实现装配尺寸链在单个零件内部的搜索，依据装配容差元实现装配尺寸链在不同零件间的传递，以此方式循环传递搜索，直到得到封闭环的另一端为止，通过尺寸链最短原则获取最优装配尺寸链。依据生成的装配尺寸链，进行装配容差分析，判断各组成环设计容差信息的正确性，最后通过判断装配成功率是否高于给定的置信水平，决定是否需要改变协调环的容差信息重新代入进行下一次容差分析，直到符合给定的装配成功率的要求为止。

2.4 数字化飞机装配工艺仿真和优化

2.4.1 数字化装配仿真

装配仿真是通过数字化装配系统建立反映现实装配环境及其装配过程的装配系统模型,在可视化的虚拟环境下模拟现实装配环境及其装配过程的一切活动和产品装配全过程,并对产品装配过程及装配系统进行预测和评价。装配仿真的实现有助于对产品零部件进行全面结构设计和分析,有助于解决零部件从设计到生产所出现的技术问题,验证装配设计和操作的正确性,及早发现装配中的问题,有力地降低前期设计缺陷可能给后期制造带来的回溯更改,达到产品的开发周期和成本最小化、产品设计质量的最优化和生产效率的最大化。

飞机装配过程中不仅涉及产品本身的许多结构件和系统件,还涉及所用到的各种工艺装备,同时要考虑到人机工程,并按一定工艺路线进行产品的装配工作,所涉及的面广,过程复杂。因此,飞机装配过程的虚拟仿真模拟极其重要。飞机装配仿真的目标是通过建立数字化产品结构模型、装配资源模型,在数字化装配系统中建立起可视化的数字化装配环境,进而分析产品结构的可装配性,制订可行的装配工艺过程,评估装配效率,从而减少由零件干涉、生产能力瓶颈问题、可维护性问题带来的设计更改、错误和反复工作,尽可能在实际装配工作开始前解决所有技术问题。根据装配设计阶段与性质,可将飞机数字化装配仿真工作划分成预装配、装配工艺仿真、人机工程、装配生产过程仿真四个层次,分别从结构、工艺、效率方面分析对可装配性的影响。

(1) 数字化预装配。数字化预装配检验装配单元对可装配性的影响。装配单元是指一个完整的装配单元体,包括组件、部件及相应的装配工艺装备。装配单元是决定可装配性优劣的内在因素。这一层次主要解决飞机组件、部件及装配工艺装备结构在空间上的位置分配、静态干涉与结构设计的合理性问题,以及装配界面结构之间的公差分配合理性问题,特别是解决飞机关键部位的设计协调问题。数字化预装配工作可在通过数字化建模系统(如 CATIA)进行结构设计时完成。

数字化预装配贯穿于产品开发所有过程中,包括总体设计阶段、初步设计阶段和详细设计阶段。在总体设计阶段,也就是产品研制的初期阶段,要进行产品初步的总体布局分析,主要包括建立主模型空间,进行产品初步的结构、系统总体布局。初步设计阶段为产品研制的主要阶段,在此阶段产品三维实体模型设计已经基本完成,主要包括产品模型空间分配(装配区域、装配层次的划分)、具体模型定义(建立几何约束关系、三维实体模型等),以及装配工艺装备总体设计。详细设计阶段为产品研制的完善阶段,在此阶段完成产品三维实体模型的最终设计,装配工艺装备的详细设计,并进行产品结构之间及产品结构与工艺装备之间的详细干涉检查。

（2）装配工艺仿真。装配工艺是将装配单元装配成产品的具体操作过程,其影响内容包括装配顺序、装配路径和装配资源等对可装配性的影响。装配资源包括用于实施装配工作的装配工装、夹具、加工设备、工作台及操作工具等。该层次主要是在可视化装配工艺仿真环境中,进行装配流程划分、装配顺序分解和装配/拆卸路径规划,对装配过程中产品与装配资源之间、装配资源与装配资源之间可能存在的干涉与不协调问题进行检测,找出具有可行路径的产品结构装配顺序,并进一步优化产品与装配资源结构设计,如图 2-14 所示。

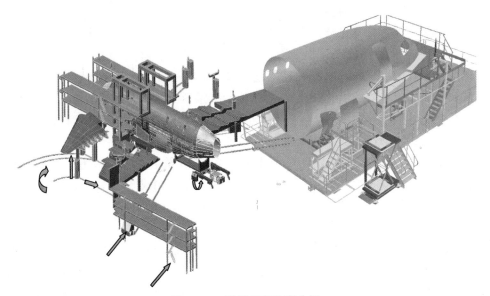

图 2-14　装配工艺仿真分析

（3）人机工程。除了考虑到装配过程的可行性外,还需要关注工人在装配过程的方便性。基于人机工程的数字化虚拟装配仿真模拟,它不仅考虑到装配过程的可行性,而且十分关注工人在装配过程中的方便性、可达性和将来的维护工作,以利于提高工作效率和产品装配质量,如图 2-15 所示[9]。

（4）装配生产过程仿真。根据装配工艺仿真规划结果,建立产品、工艺、资源与生产进度计划数字化模型,进行车间布局规划设计,动态模拟整个装配生产过程,确定合理的生产流程节拍,找出生产进度计划与关键工艺资源之间可能存在的冲突与矛盾,分析影响生产进度的瓶颈与根源,提前找到解决生产能力平衡问题的方法,使生产过程平稳、有序进行。如图 2-16 所示,一个产品的形成过程就是其装配单元、装配工艺和装配资源等因素综合作用的结果。装配生产过程仿真需要通过与建模

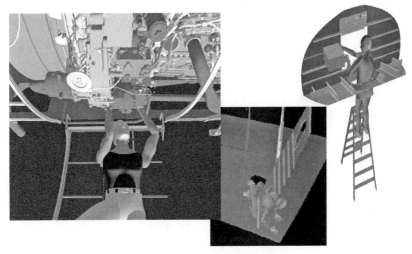

图 2－15 人机工程仿真分析

系统、工艺仿真系统兼容的仿真系统完成，如与 CATIA、DELMIA 配套的 QUEST 系统。

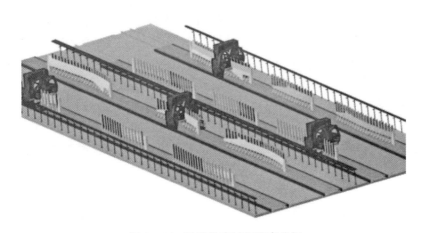

图 2－16 装配生产过程仿真分析

2.4.2 基于 DELMIA DPM 的数字化装配工艺设计和仿真

DPM Assembly Process Simulation（DPM assembly）是面向三维数字化装配工艺编排和检查的专业解决方案，它为产品制造和产品维护的工艺编排树立了典范。它将产品预计划、详细计划、工艺检查及车间现场指导等功能整合在一个单一而完整的数字化系统内，进而可以提供给制造工程师以及装配工艺师一个统一的、点到点的作业方法。通过三维数字化装配过程仿真，在产品实物实施装配以前对装配工艺进行验证，优化装配设计工艺，减少或避免依据工艺工程师个人经验引发的各种工艺设计错误或工艺设计不合理的情况而导致实际装配过程中引起装配工艺与工装的再调整,从而促进研制工作的顺利开展,缩短制造周期,降低生产成本。

通过 DPM 系统开展三维数字化装配工艺仿真设计,可以实现以下目的:

(1) 在产品实际(实物)装配之前的装配工艺、工装设计过程中,通过装配过程仿真,及时地发现产品设计、工艺设计、工装设计存在的问题,有效地减少装配缺陷和产品的故障率,减少因装配干涉等问题而进行的重新设计和工程更改。因此,保证了产品装配的质量。

(2) 装配仿真过程产生的工艺图解、三维数字化仿真文件(或制作成 AVI 动画视频文件),可以在生产现场指导工人对飞机进行装配,帮助工人直观了解装配全过程,实现可视化装配,也可用于维护人员的上岗前培训。通过这种直观的方式演示装配过程,使装配工人更容易理解装配工艺,减少人为差错,保证装配过程一次成功。

在工艺分离面及装配工艺单元划分的基础上,装配工艺技术人员利用 DPM 三维数字化装配环境,调用处于不断演变过程中的相关产品结构数据模型和工装设计数据模型,建立起各装配工艺单元的装配工艺模型。然后利用 DPM 系统中的各种装配工艺设计仿真功能,对每个装配工艺单元进行装配过程设计,确定每个工艺单元中零组件的装配顺序,明确装配工艺方法、装配步骤,在碰撞干涉检测的基础上动态规划出每个零件的运动路径;最后通过装配工艺仿真验证,确认装配工艺准确无误后,生成各工艺单元装配图解与装配动画文件。基于 DPM 的三维数字化装配工艺设计流程如图2-17所示。

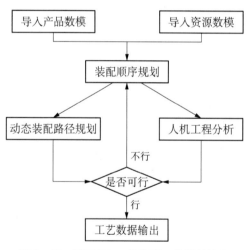

图 2-17　基于 DPM 的装配工艺设计流程

(1) 装配顺序规划。在虚拟环境中,依据设计好的装配工艺流程,对产品装配过程和拆卸过程进行三维动态仿真,验证每个零件按设计的工艺顺序是否能无阻碍的装配上去,以发现工艺设计过程中装配顺序设计的错误,如图2-18所示。如装配顺序设计是按先里后外的原则设计的,但实际装配的时候会发现有零件装不上去,此时只有拆除别的零件,来先装这个零件。

(2) 动态装配路径规划。在虚拟环境中,依据设计好的装配工艺流程,通过对每个零件、成品和组件在装配型架中的移动、定位、夹紧等进行产品与产品、产品与

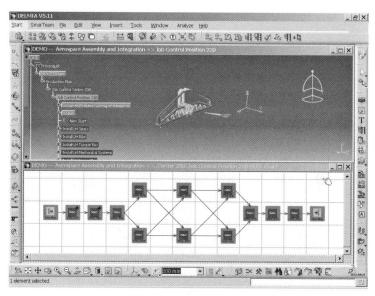

图 2－18 装配顺序规划

工装的干涉检查。当系统发现存在干涉情况时报警，并示给出干涉区域和干涉量，以帮助工艺设计人员查找和分析干涉原因，确定装配是否存在可行的装配路径。该项检查是零件沿着模拟装配的路径，在移动过程中零件的几何要素是否与周边环境有碰撞。在三维环境中，检查过程非常直观，如图 2－19 所示。

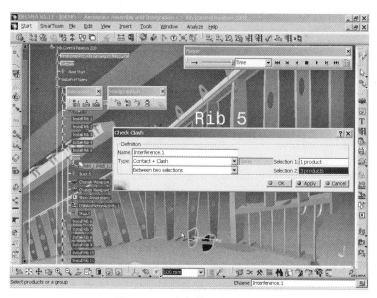

图 2－19 动态装配路径规划

（3）人机工程分析。产品装配过程需要在操作工人的支配下完成，产品移动的过程也就是人动作的过程，因此需要人的参与。在产品结构和工装结构环境中，将标准人体的三维模型放入虚拟装配环境中，在零件装配时，按照工艺流程对装配工人进行可视性（是否看得见，看多大范围）、可达性（工人的身体或肢体是否能到达装配位置）、可操作性（空间大小或零件重量是否便于工人操作）、舒适性（工人承受的负荷以及操作时间/次数是否使工人容易疲劳）以及安全性（工人在较高的位置操作等）检测与模拟仿真，如图 2-20 所示。

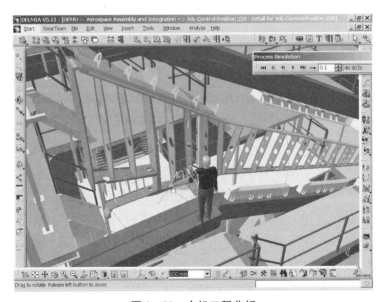

图 2-20　人机工程分析

参考文献

［1］周秋忠.MBD技术在大型飞机数字化装配中的应用研究［D］.北京：北京航空航天大学,2009.

［2］郭具涛,梅中义.基于MBD的飞机数字化装配工艺设计及应用［D］.北京：北京航空航天大学,2012.

［3］于飞.机翼装配工艺规划及仿真技术研究［D］.西安：西安工业大学,2014.

［4］梁涛.飞机柔性装配误差累积与容差分析技术研究［D］.沈阳：沈阳航空航天大学,2012.

［5］朱兴磊.基于DELMIA的飞机装配容差分析技术［D］.南京：南京航空航天大学,2012.

［6］张尧.某型飞机尾段装配工艺性及容差分析研究［D］.沈阳：沈阳航空航天大学,2013.

［7］唐水龙,卢鹄.飞机装配数字化协调与模拟量协调的对比分析［J］.航空制造技术,2012(10),26-29.

［8］池新.某型飞机中央翼模拟量与数字量协调装配技术研究［D］.哈尔滨：哈尔滨工业大

学,2014.

[9]　巩玉强.基于 MBD 的飞机三维数字化装配工艺设计与应用[J].制造业自动化,2014,36
(22),103 - 107.

[10]　景武,赵所,刘春晓.基于 DELMIA 的飞机三维装配工艺设计与仿真[J].航空制造技术,
2012(12),80 - 86.

[11]　徐庆泽,王征,蔡晋.面向航空产品的装配工艺规划技术研究[J].航空科学技术,2014,25
(05):57 - 62.

3 民用飞机柔性装配工装系统

3.1 概述

在我国飞机制造业,飞机组件/部段件装配型架大多采用刚性结构,一套刚性型架只能用于一个装配对象,飞机生产准备过程中需要制造大量的装配型架;装配型架的设计依据是飞机结构数据,传统型架的设计在飞机设计完成后才开始进行。实际生产过程中,装配对象的设计数据变化频繁,必然导致型架的设计随之变化,这不但增加了型架的设计制造周期,也增加了制造成本。通常,飞机生产准备周期占研制总周期的 50% 以上,装配型架的设计制造是飞机生产准备的主要内容之一,减少型架的数量对缩短整个飞机研制周期具有极其重要的意义[1]。

随着飞机产品数字化设计制造技术的不断成熟,数字化柔性装配型架可实现由"一对一"向"一对多"的装配制造模式的转变,并推广应用于结构类似的小组件,如典型的壁板类、隔框类和桁梁类等组件,而零部件定位则可实现由"手工模拟量控制"向"自动化数字量精确控制"的装配制造模式的转变,常常应用于大部件对接。

3.2 壁板类柔性装配工装设计

3.2.1 壁板类柔性装配工装工作原理

将壁板定位卡板装到移动支架上,壁板靠成组(至少三组)卡板进行定位,不同曲率及长度的壁板零件配套相应的卡板。将移动支架移动到确定位置,插上定位销。将长桁固定在卡板的夹持件上,壁板两端定位孔装入卡板两端的定位块,保证壁板与卡板间隙满足工艺要求。通过计算机程序使机器人对壁板孔进行检查并位置校正后,钻、锪一次加工完成。

3.2.2 壁板类柔性装配工装技术规格的确定

壁板类柔性装配工装需要解决不同长度、不同曲率的蒙皮的定位及长桁的定位问题。

根据自身需求及潜在产品的规格,确定自身需要覆盖的蒙皮长度、曲率的规格,确定壁板柔性装配工装的主要技术规格。蒙皮类壁板组件壁板长度尺寸通常在 3～6 m、弦长在 1.5 m 以内、弦高在 0.6 m 以内。当产品尺寸超过该范围时,相应的技术要求需要适应性调整。

通常的壁板加工对象为铝合金,厚度不超过 6 mm,加工孔直径 $\phi3\sim\phi5$ mm,孔径公差精度低于 H8。常用的壁板柔性工装的主要技术指标如下:

(1) 加工范围 5 000 mm×2 000 mm×350 mm。

(2) 加工材料:铝合金。

(3) 最大加工厚度:δ6 mm(多层)。

(4) 加工孔:$\phi3\sim\phi5$ mm。

(5) 加工精度:孔径精度 H8,定位精度±0.5 mm,法向精度±0.5°,划窝精度±0.05 mm。

(6) 每分钟制孔数量不少于 6 个。

3.2.3 壁板类柔性装配工装系统组成

壁板类数字化柔性装配工装通过数字信息控制机器人对不同曲率、不同长度的壁板进行自动钻孔、铰孔、划窝、标记等,使壁板钻孔自动化,提高孔的加工精度和效率。主要包括以下三大部分:

(1) 柔性定位工装——由框架、定位固持单元;

(2) 制孔系统——由机器人,钻孔动力头等组成;

(3) 控制系统——由工业以太网、工业现场网络、监视器、控制器、执行器等组成。

3.2.3.1 柔性定位工装

采用方钢焊接,上、下梁上装有移动滑轨,框架内装有多件移动支架(视产品定位要求而定)及其他装置及元器件,如图 3-1 所示。

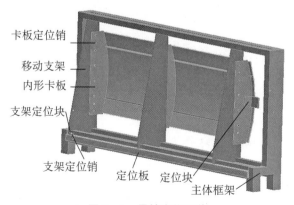

图 3-1 柔性定位工装

在主体框架的下部装有移动支架定位块、定位销及定位板,如图 3 - 2 所示。

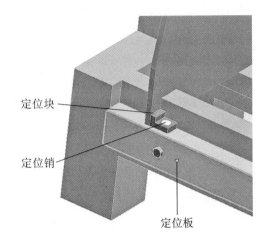

定位块

定位销

定位板

图 3 - 2　主体框架下部

3.2.3.2　制孔系统

制孔系统由机器人、X 轴导轨、拖板系统、拖链系统、钻孔动力头系统、机器人自动钻孔控制系统和离线编程系统组成。实现功能包括:

(1) 钻孔、铰孔、划窝,可选用复合刀具一次性加工到位;

(2) 自动标记点位;

(3) 具备离线编程及示教模式加工;

1) 机器人结构

机器人结构形式采用独立多关节结构,具有 6 轴伺服自锁功能,各个自由度采用 AC 伺服电机。每个电机设置独立的伺服驱动控制,如其中一个伺服驱动出现故障,只需更换有故障的控制器。所有的轴设置抱闸,并具有软伺服随动功能。机器人系统的定位采用绝对位置编码器,运行可靠,维护方便。机器人在设置的范围内运动,计算机对运动位置参数进行监视,如果机器人运动超过了监视限制范围将自动停止。

根据系统技术指标,机器人技术参数如下:

(1) 轴数:6 轴。

(2) 轴运动:

轴 A1:$\pm185°$,　　　$\geqslant89°/s$;

轴 A2:$+110°/-40°$,　　$\geqslant89°/s$;

轴 A3:$+60°/-180°$,　　$\geqslant93°/s$;

轴 A4:$\pm350°$,　　　$\geqslant109°/s$;

轴 A5:$\pm118°$,　　　$\geqslant112°/s$;

轴 A6：±350°，≥157°/s；

重复定位精度：±0.15mm；

机器人点动步长≤0.1mm。

2）X 轴导轨

X 轴导轨作为机器人系统的第 7 轴，与机器人 6 个轴协同运动。X 轴导轨用于安放机器人，控制机器人沿导轨做直线运动，行程为 5m。最大运行速度为 40m/min。X 轴导轨安装在柔性工装前面与工装平行，如图 3-3 所示。

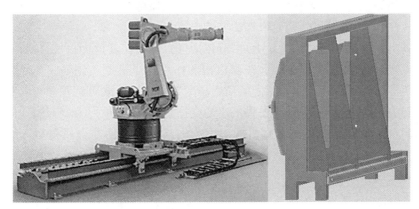

图 3-3 X 轴导轨

3）拖板系统

拖板系统安装在导轨系统的线性导轨滑块上，由导轨系统的驱动机构驱动。拖板系统上安装有机器人的配电箱、除屑装置、钻头主轴冷却单元、机器人。

4）拖链系统

拖链系统为拖板系统上的各设备供电，传输控制信号。

5）钻孔动力头

动力头由箱体、电主轴、进给机构、导轨、压脚、钻头、适配器、传感器等组成；执行蒙皮钻孔、锪窝功能。

箱体由高强度钢材制成，用于安装动力头上的各种设备，承受切削力，保持动力头刚性。

电主轴由于加工类型属高速轻切削，所以选用电主轴作为工作主轴。选用高速电主轴，最高转速 6000rpm①。采用弹性夹头，碟簧抓刀、气动打刀、手动换刀，刀柄选用 HSK 系列。

---

① rpm 即转/分，r/min。

6) 机器人自动钻孔控制系统

机器人自动钻孔控制系统由进给机构、导轨、压脚、钻头、适配器、传感器、电控系统、辅助系统构成。

进给机构由伺服电机、同步带、滚珠丝杆组成。为了减小长度,不采用直联方式,采用并列方式布局。进给机构驱动电主轴进给,进给机构由光栅测量系统测量位置。

导轨采用两条 THK 公司的高刚性精密级线性导轨。滑块末端密封,自带 QZ 润滑装置和导轨刮板。导轨用软式防尘罩防护,以保持导轨清洁。压脚机构和进给机构安装在导轨上,以消除两套机构的安装误差。

压脚机构安装在导轨的滑块上,由双作用气缸驱动往复运行。气缸驱动的优点是压力恒定,用节流阀调速方便。压脚机构的作用是当机器人调姿完成,接近蒙皮到设定距离时,由气缸驱动,以恒定的压力压紧蒙皮。这样既可消除蒙皮与长桁、框的微小间隙,又可向机器人系统提供一定的支撑,操作压力最大为 20 kgf。压脚机构由光栅测量系统测量位置。压脚机构与蒙皮的接触面采用非金属材料,以免损伤蒙皮。

钻头采用含钴高速钢材质的钻、扩、铰、锪复合钻,铆钉孔一次加工完成。既节约了加工时间,又避免了重复定位误差带来的精度损失。钻孔直径 3～5 mm,钻孔精度 H8。钻高速钢钻头切削速度快,孔的精度及表面粗糙度好。

适配器用于机器人与动力头连接,为适应蒙皮弧面,减小机器人调姿范围和增大机器人有效工作范围,适配器与机器人末端手臂轴线预先倾斜一定角度。钻孔动力头通过法兰用螺栓与机器人连接安装在机器人第 6 轴末端,机器人沿 X 轴导轨运动。

传感器由动力头安装距离/法向传感器、光栅测量系统、钻头断裂传感器、压力传感器等,用以保证系统加工精度和各运动机构安全。用位置传感器检测钻头与壁板距离。用法向传感器确定钻头对壁板的垂直位置。用光栅尺控制钻孔深度。

电控系统控制机器人动作,执行钻扩锪任务,处理各传感器信号,对各机构实施保护等。辅助系统含吸屑机构、冷却机构等。吸屑机构用真空吸屑,以保持环境清洁和避免切屑影响加工质量。冷却机构用于电主轴冷却,采用风冷或液冷,以保证电主轴使用时的温升。

3.2.3.3　控制系统

由软 PLC 组成,由它对机器人、动力头进行控制。机器人控制系统采用 KR-C2 系列,如图 3-4 所示。

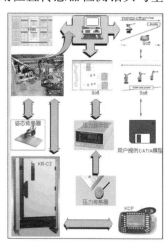

图 3-4　控制系统结构

PLC控制系统由插入计算机的 PLC 卡和触摸式操作面板组成。在 6 轴机器人基础上,选配第 7 轴,用于控制线性导轨(X轴)。

动力头控制系统动力头的组成机构原理如图 3-5 所示。

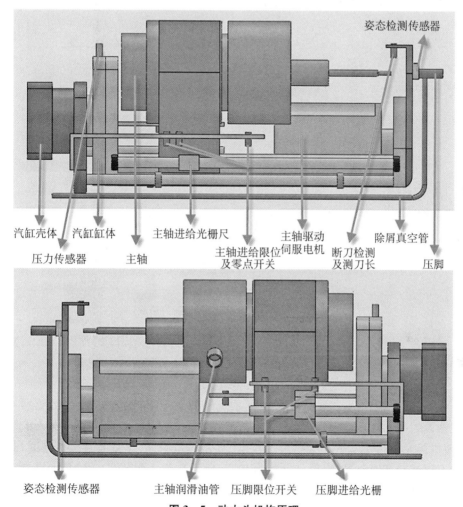

姿态检测传感器

汽缸壳体　汽缸缸体　　主轴进给光栅尺　　　　主轴驱动　　　除屑真空管
压力传感器　　　主轴　　　　主轴进给限位　　断刀检测　　　压脚
　　　　　　　　　　　　　　　及零点开关　　　及测刀长

姿态检测传感器　　　　　主轴润滑油管　压脚限位开关　压脚进给光栅

图 3-5　动力头机构原理

汽缸推动电主轴和压脚同时前进,当压脚抵住工件表面,压力传感器检测到压力值达到设定压力时,姿态传感器开始工作,将当前位置角度反馈并检测,如有需要将进行调整,然后主轴快速移动到接近点(接近锪孔原点一定距离的位置),然后以设定的转速旋转,并按设定的进给速度进行钻、锪孔,同时启动真空除屑,当达到设定的锪孔深度时,主轴退回原位,关闭真空,同时检测钻头是否断损,等待机器人走到下一个钻孔位置时,进行下一个工作循环。

压脚压力检测采用称重(压力)传感器,最大检测压力为20 kgf(参考)。

采用数字光纤传感器来实现刀具长度自动测量、断刀检测。不管刀具长度和装夹位置如何,都能自动实现刀具长度的自动测量,配合主轴进给和压脚进给的光栅尺,实现锪孔深度的准确控制,如图3-6所示。

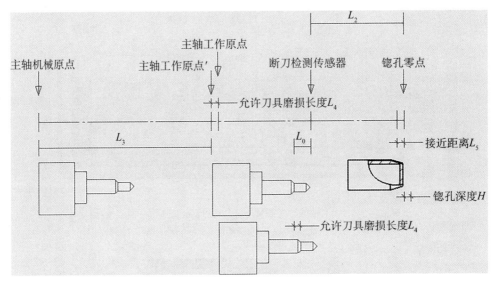

图3-6　刀具长度自动测量、断刀检测

采用2个增量式封闭式光栅尺(测量长度为50 mm,安装长度为208 mm),实现主轴和压脚进给距离的检测,准确度等级选用±3 μm,测量步距0.1 μm。

通过伺服电机配套的旋转编码器来实现主轴转速检测。

机器人钻孔姿态修正系统姿态传感系统由激光传感器组成。激光传感器不依赖机器人的运动,能在短时间内将当前位置的方向倾斜角度,反馈给机器人控制系统,使机器人对钻孔姿态进行修正。激光传感器还能测量已加工的锪孔深度,若锪孔深度超过允许值时,发出警告并暂停加工,等待操作人员确认。激光传感器自带视频系统,便于操作者在远处监测加工过程(根据用户需求确定是否需要此功能)。

3.3　大部件对接柔性装配工装设计

飞机部件结构复杂,各部件由于装配应力、装配方式等多种原因与理论尺寸存在一定偏差。为快速匹配各部件偏差导致的装配困难,需要对部件姿态进行评估并进行快速调整,达到部件装配的控制要求。

3.3.1　工艺需求的确定

3.3.1.1　产品支撑的确定

根据产品结构特点,确定产品支撑结构形式及连接方式。确定过程中需与产品设计进行沟通,确定合理、可行、可靠的支撑是柔性装配工装设计的基础。一般产品支撑点选在加强框或接头处,利用产品连接件点位进行连接。根据产品连接件与连接孔的关系,确定支撑接头连接孔的直径。一般情况下,如产品连接关系为间隙配合或过度配合,支撑接头孔使用和产品连接件孔一致的孔径进行连接;如产品连接关系为干涉配合,支撑接头孔使用比产品连接件孔小一级的孔径进行连接[2]。

3.3.1.2 测量点的确定

测量点的选择非常关键,直接影响到产品姿态的评价。选择数量合理、准确可靠的测量点,对柔性装配系统执行的效率和质量具有决定性的意义。

选择的测量点数量太多,系统执行的效率就很低;相反,选择的数量太少,又不能完整、准确反映产品的状态。因此,在测量点选择过程中,首先分析产品结构,将产品上前工序利用的工装定位孔作为测量点;在产品结构上没有合适的工装定位孔作为测量点时,可以在接头位置设置测量接头作为测量点。测量点的位置应尽可能包容产品,以避免误差放大带来的姿态评估影响。

理论上,三个测量点可以确定产品的姿态;为弥补产品装配过程中存在应力变形等导致的装配误差的影响,通常采用4～6个测量点综合评估产品姿态。

3.3.1.3 部件保形

根据参加装配的部件的结构特点,对刚性相对较弱的部件采取必要的保形措施,避免产品由于自身结构较弱的原因导致的变形,以至无法确定产品姿态评估的情况。

一般情况下,采用框架形式保形架进行部件保形,在保形架上一并考虑产品支撑。

3.3.2 柔性装配工装总体设计

3.3.2.1 确定装配工艺流程

(1)将参与装配的各部件按规定的装配顺序吊入定位系统,完成各部件定位、锁紧。

(2)利用激光跟踪仪测量各部件的定位测量点。

(3)柔性装配系统根据定位测量点的实际位置,计算部件实际位姿与理想定位姿态(在理想对接位置的)的差,将部件调整到理想定位位姿,实现部件的定位。

(4)部件制孔、涂胶和连接。

(5)部件吊装出架。

3.3.2.2 确定柔性装配系统主要技术指标

根据对产品结构的分析和工艺分离面的划分,确定支撑产品的数控定位器的结构形式和技术参数。

数控定位器主要有立式和卧式两种结构形式,如图3-7和图3-8所示。

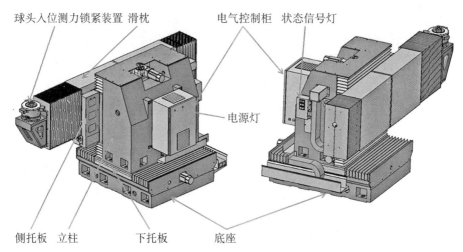

球头入位测力锁紧装置 滑枕　　电气控制柜 状态信号灯

电源灯

侧托板　立柱　　下托板　　底座

图 3-7　卧式数控定位器结构组成

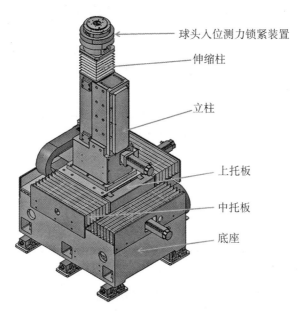

球头入位测力锁紧装置

伸缩柱

立柱

上托板

中托板

底座

图 3-8　立式数控定位器结构组成

　　根据产品自身重量和工作时产品上人员重量,确定数控定位器的承载。按照产品结构及操作开敞性,确定数控定位器 $X/Y/Z$ 的行程。根据对合总体容差分配确定数控定位器 $X/Y/Z$ 的精度及重复定位精度。

　　为避免部件调整过程中出现异常带来产品损伤,数控定位器与相连接的工艺球头应设置入位测力传感器,工艺球头与数控定位器形成的球铰具有 3 种工作模式:

　　(1)自由模式:组件入位时球铰为自由模式,此时工艺球头自由搁置在数控定位器的球托上。

（2）防逃逸模式：组件纠偏、调姿时该球铰为防逃逸模式，此时工艺球头被抑制在数控定位器的球托内，但仍可以转动。

（3）锁紧模式：组件调姿后该球铰为锁紧模式，此时工艺球头被锁紧在数控定位器的球托内。

3.3.2.3 柔性装配工装布局方案

根据部件结构及工艺分离面特点，一般按如下原则进行柔性装配系统总体布局：

（1）总体上工装采用对称布局。

（2）通过激光跟踪仪，数控定位器，测量、控制和工艺（装配任务）集成管理软件，实现装配过程的数字化和自动化。

（3）通过建立大范围空间测量场（产品测量点和坐标系参考点合理布局），保障各部件装配协调数据准确、可靠。

（4）调姿、定位工装设备要求充分体现柔性化、自动化和数字化功能。

（5）合理设计保形工装。

（6）系统结构具有足够的刚性，无须开挖地基，安装方便。

（7）合理设置电缆沟、配备配电柜。

（8）在方便操作、避免干涉的前提下合理布置操作平台。

3.3.2.4 柔性装配工装结构设计

一般各部件分别由四台数控定位器支撑，四台数控定位器安装在刚度足够的定位器支撑架上，其位置由部件上的支撑工艺接头位置决定。数控定位器实现 X、Y、Z 三个方向移动，三个移动方向采用伺服电机、减速器、丝杠螺母传动并由光栅尺反馈控制。四台数控定位器构成的部件调姿定位单元含 12 个数控轴，调姿、对接时控制系统利用多轴协调控制技术控制 12 轴协调运动，实现部件的姿态调整。

3.3.2.5 数控定位器电气控制系统设计

柔性装配系统由各部件定位单元组成。各部件定位单元为柔性、数字化调姿定位单元。每个调姿定位单元都由 4 个数控定位器构成，通过各定位器之间的协同运动，实现各部件的姿态调整和姿态保持。而每个数控定位器都由 3 个互相垂直的运动轴和 1 个锁紧轴组成。控制系统设计既要考虑各个定位器每个运动轴的伺服控制系统设计，还要保证各个定位器之间的协同运动控制精度。综合考虑部件对接数字化装配的要求和控制系统设计准则，通常采用以 SynqNet 总线为基础的调姿对接控制系统总体方案。

SynqNet 总线技术是 Motion Engineering 公司开发的一种高性能的专用于多轴运动控制的同步网络技术，它在控制卡与驱动器之间构建了一种全数字化的通信界面。SynqNet 的物理层是基于 100Base - TX 的 IEEE802. 3 标准。Motion Engineering 公司提供各种基于通用型 ZMP 控制卡的运动控制产品。SynqNet 运动编程接口可兼容各种操作系统(从 Windows®NT/2000/XP 至许多 RTOS 软件包和 LinuX)。

　　基于 SynqNet 总线的实时控制系统的构建如图 3-9 所示,使用专用线缆将节点和控制卡连接起来,使整个网络构成一个环形,Node 为一个节点,驱动器和 IO 耦合器都是单独的一个节点。数据包从控制卡发往各节点。每个节点仅捕获数据自己的数据包,并向网络上的下一个节点(如从节点 1—节点 2)传递不属于自己的数据包。同时,数据包又从各节点发往控制卡。网络上的各节点仅捕获数据自己的数据包,并向上一个(如从节点 2—节点 1)节点传递不属于自己的数据包,形成一个环路。

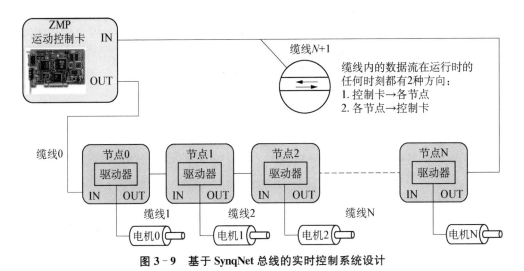

图 3-9　基于 SynqNet 总线的实时控制系统设计

　　SynqNet 是一种同步网络技术,它使用一张集中运动控制卡在网络上接收和发送同步数据包到网络上的各节点。每个节点都使用先进的数字时间校正技术来最小化各节点的数据包同步误差。并且在 SynqNet 网络中,不需要独立的用于每个驱动器的故障诊断工具,使用者只需使用 SynqNet 提供的伺服通道命令就可以查询到网络上任何节点的驱动器状态信息。SynqNet 的这种拓扑方法和驱动器故障诊断方式保证了数据传输的同步性和故障查询的方便性。

　　基于 SynqNet 总线提供的多轴协同控制基础,机身对接系统控制系统设计可分为以下三部分。

　　(1) 单轴伺服控制系统设计。定位器 X、Y、Z 三个方向的位置伺服跟踪控制系统采用相似的结构,采用绝对式直线光栅作为反馈元件实现每个轴的全闭环控制。定位器单轴位置伺服全闭环控制系统的硬件组成如图 3-10 所示。主要包括工控机、运动控制卡、伺服驱动器、伺服电机、机械执行元件、直线光栅 6 个部分,其中工控机和运动控制卡可由多个运动轴共用。其控制回路设计如图3-11所示。

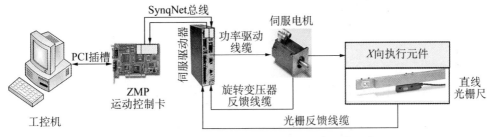

图3-10　定位器单轴位置伺服控制系统硬件组成

运动控制卡通过工控机上普通的 PCI 插槽与其相连,运动控制卡与驱动器之间采用 SynqNet 总线技术实现相互通信,通过对伺服驱动器提供的接口进行开发,使得绝对式直线光栅和伺服电机的旋转变压器信号能够方便地接入到系统中。该全闭环控制系统的电流环和速度环控制不需要经过运动控制卡可直接由驱动器和伺服电机完成,运动控制卡通过 SynqNet 总线读取由伺服驱动器采集的直线光栅所测得的执行机构位置反馈,与位置指令比较后,通过实时位置校正控制算法,将控制量发送到驱动器,完成位置闭环控制。这样,定位器的单轴可保证较高的定位精度和重复定位精度,一般定位精度在 0.05 mm 以内,重复定位精度在 0.02 mm 以内。

(2) 单个定位器运动控制系统设计。对于每个数控定位器来说,其控制系统硬件主要包括:

a. 1 个电控柜,1 个交流空气开关,1 个交流接触器,4 个以上继电器,300 个以上的接线端子,10 个按钮,10 个指示灯;

b. 1 个开关电源;

c. 伺服电机 3~6 个(根据运动轴数确定),每个电机包含旋转变压器反馈和制动机构;

d. 与电机数目相等的驱动器;

e. 与电机数目相等的直线光栅(用于提高定位器各方向运动的定位精度和重复定位精度);

f. 1 组 IO 从站及端子;

g. 1 个力传感器;

h. 2 倍电机数目的限位开关(正、负限位开关);

i. 与电机数目相等的制动电阻;

j. 1 个滤波器,1 个电抗器。

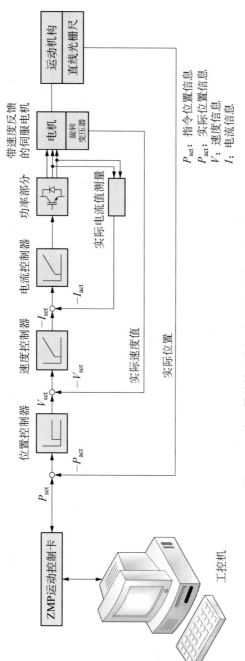

图 3 - 11　定位器单轴位置伺服全闭环控制系统回路设计

图 3-12 绘出了一台定位器所需的硬件配置。

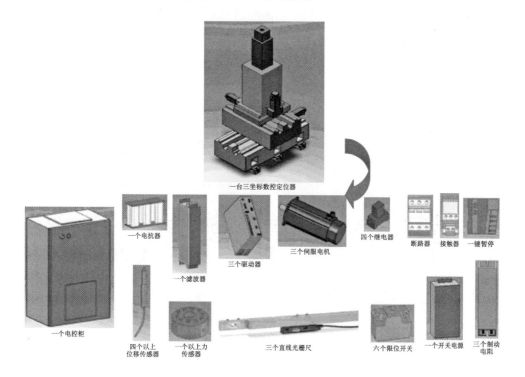

图 3-12　一台定位器所需的硬件配置

（3）一组定位器协同运动控制系统设计。一组定位器之间同步协调运动控制由 SynqNet 网络实现。在装配系统中，为每组定位器（4 台）配备 1 个 ZMP 运动控制器，实现该组内各定位器电机轴的协调同步运动，如图 3-13 所示。

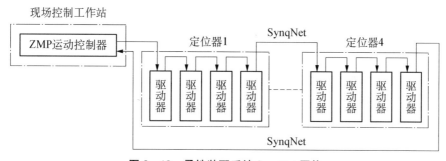

图 3-13　柔性装配系统 SynqNet 网络

3.3.2.6　集成控制系统设计

集成控制系统需要管理的主要装备包括数控定位器。柔性装配系统中包含的三坐标数控定位器采用 SynqNet 实时运动控制网络进行硬件集成,实现单个定位器各运动轴的位置伺服控制和多定位器之间的协同运动控制功能。图 3-14 为控制系统硬件集成网络结构图,采用 ZMP 运动控制卡,负责集成定位单元内的控制设备。

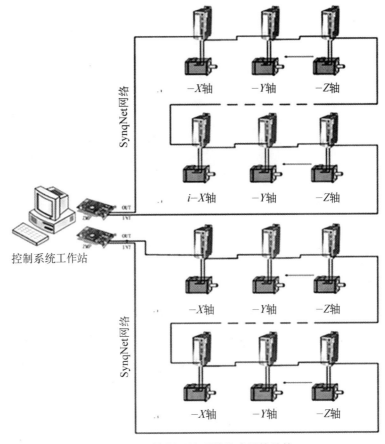

图 3-14 控制系统硬件集成网络结构

柔性装配系统中,定位器上使用的各种传感器,如力传感器等信号使用倍福 IO 设备读取,由倍福嵌入式 PLC 统一管理。PLC、各 IO 设备之间使用 EtherCAT 网络通信,其结构如图 3-15 所示。

集成控制系统软件基于工业以太网和 TCP/IP 协议接收集成管理系统发出或人机交互输入的控制指令和控制参数,生成电机、I/O 设备控制指令,再通过 SynqNet 实时现场总线,驱动定位器各驱动轴对应的伺服电机同步协调运动,实现组件入位、调姿定位和对接装配等操作。集成控制系统软件基于面向事件(工艺流程)的思想设计,由集成管理系统根据装配工艺流程进行集中调度和控制。如图 3-16

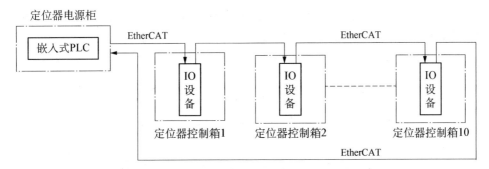

图 3–15　传感器信号采集及逻辑控制网络结构

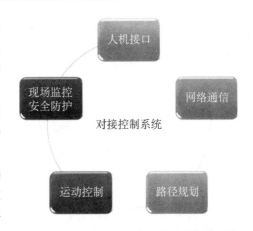

图 3–16　集成控制系统软件功能模块划分

所示,集成控制系统软件按功能需求可以划分为以下 5 个子功能模块:网络通信、路径规划、运动控制、现场监控和安全保护以及人机接口。

网络通信子模块实现集成控制软件系统与集成管理系统之间的网络连接与数据通信功能。

路径规划子模块根据给定部件当前姿态和目标姿态,规划合理的调姿路径,计算得到部件支撑定位器各驱动轴的空间同步运动轨迹数据。

运动控制子模块基于 Danaher 公司提供的运动控制编程接口(MPI),根据设定的运动模式,驱动定位器各驱动轴单独运动或根据调姿路径同步协调运动。

现场监控和安全保护模块,实现现场信号采集、记录等功能,并通过分析设备故障诊断和报警信息,迅速做出自保护响应,如定位器超载时系统自动执行急停,避免设备产生破坏性操作。

人机接口子模块提供用户简洁、易用的人机交互操作界面,便于用户方便灵活地操控现场设备,查看设备运行状态数据以及故障诊断和报警信息等。

集成控制系统通过人机界面接受人机交互输入或集成管理系统下发的定位器位置或组件位姿参数,生成定位器各驱动轴运动轨迹,进而驱动定位器运动。各子控制系统通过 TCP/IP 与 BECKHOFF 嵌入式 PC CX1020 通信,实现对现场所有 IO 设备的数据读写操作。系统通过人机界面显示定位器各驱动轴位移传感器读数、力传感器读数等必要的设备运行和系统状态信息。

3.3.2.7　数字化测量系统设计

测量系统软件的主要功能如下:

（1）建立与激光跟踪仪的连接、读取/更改激光跟踪的基本参数，控制激光跟踪仪使用靶球、T-Probe 等工具进行测量。

（2）建立系统装配坐标系，测量确定系统中各设备在装配系统中的位置，并作为系统配置信息写入系统数据库。

（3）根据 ERS 点进行转站操作，并给出转站报告。

（4）配合激光跟踪仪完成单点、连续测量、激光扫描等基本测量任务，并管理测量数据。

（5）具有常规数据处理功能（包括直线、平面、圆弧、球面等几何元素拟合功能）。

（6）具有根据测量元素、计算元素、设计元素建立测量坐标系的功能，并具有坐标系管理功能。

（7）可与集成管理系统连接，接受集成管理系统的测量任务，根据测量任务自动或人工参与完成机身段姿态测量、水平测量、对接面扫描等测量任务，并根据系统要求将测量结果反馈给集成管理系统或控制系统。

（8）具有飞机水平点的测量评价功能，并上传测量报告。

（9）图形化中文操作界面，PDF 格式报表输出。

在测量软件中，主要的功能模块分为 4 大类，用户界面模块提供人机交互界面接口；功能实现类模块通过用户界面实现具体的功能；通信接口类模块实现与集成管理系统和激光跟踪仪的通信功能；后台处理类模块管理后台测量数据并处理异常。如图 3-17 所示，系统分为 12 个功能模块，部分模块具体功能如下：

激光跟踪仪通信模块：在底层实现与激光跟踪仪的连接和数据通信，读取激光跟踪仪各种状态参数、配置参数，控制激光跟踪仪实现使用靶球、T-Probe、激光扫描仪、电子水平仪等多种工具进行测量。

与集成管理系统的通信模块：实现与集成管理系统的连接和数据通信，可接受集成管理系统的任务进行自动化测量，并把测量结果返还给集成管理系统进行进一步的数据处理和记录。

异常处理模块：截获系统产生的异常，并采取数据保存、异常日志记录、异常提示等各种方式进行处理。

数据管理模块：在底层实现测量数据的组织和管理，实现使用测量数据进行多种测量元素的拟合、测量元素之间求取距离、角度等关系，计算点到直线、点到平面的投影，直线与平面、平面与平面的求交等功能。

系统设置模块：提供用户界面设置系统的基本参数，包括激光跟踪仪的初始参数，系统的各种初始参数、容差等。

服务设置模块：提供用户界面连接激光跟踪仪，设置激光跟踪仪的默认参数等。测量系统可支持连接多台激光跟踪仪，并对多台激光跟踪仪进行管理。

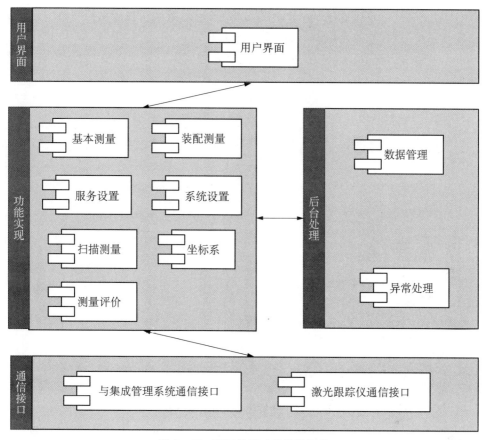

图 3 - 17 测量软件功能模块划分

基本测量模块：提供控制激光跟踪仪进行"回鸟巢""初始化"等基本操作，实现用激光跟踪仪进行静态和连续测量，实现使用 T-Probe、电子水平仪等工具进行测量。

装配测量模块：提供界面响应集成管理系统的任务，按测量任务进行测量，并把测量结果发送给集成管理系统。

坐标系模块：实现坐标系的构建与修改、激光跟踪仪转站的功能。

用户界面：提供可视化和三维的测量视图，完善的测量消息提示和用户操作提示功能。

3.3.2.8 系统集成管理系统设计

1）系统集成

装配现场各个子系统之间通过工业以太网连接，基于 TCP/IP 协议和 Windows Socket 建立通信接口模块；集成控制系统软件与调姿设备中运动控制器之间通过 PCI 总线连接，基于 Danaher 公司提供的 MEI 动态链接库建立通信接口模块；运动控制器与底层设备直接通过 SynqNet 总线实现连接,其接口在运动控制器中已经实现;测量系统软件与激光跟踪仪之间通过工业以太网连接,基于 TCP/IP 协议、Windows Socket 和 Emscon 通信编程规范建立通信接口模块。整个系统结构如图3-18 所示。

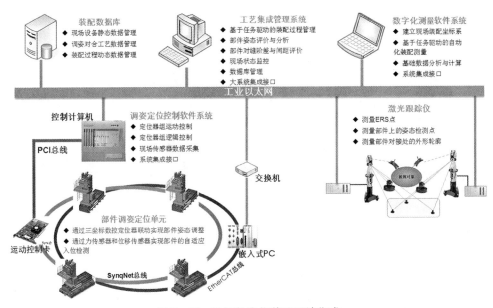

图 3-18 飞机数字化装配系统集成

集成管理系统与底层系统之间通过特定的协议进行连接和通信,通信协议定义了系统之间的通信方式和格式。

(1) 集成管理系统基于任务调度底层系统,协调控制系统和测量系统完成机身入位、调姿、对接等装配工艺过程。在此过程中,集成管理系统根据测量系统传来的测量数据,通过协调大部件对接精度控制要素的偏差分布,实现大部件调姿、对接的仿真分析并自动做出调姿决策。同时提供人工决策操作界面并对人工决策结果进行仿真分析。监控现场设备状态,为操作者提供装配工艺操作界面,显示装配工艺进度、计算结果、评价结论等现场关键数据,同时将关键的过程数据保存到数据库中。

(2) 底层系统控制负责管理现场设备,包括设备配置参数管理、设备运行状态管理等,同时基于集成管理系统的任务驱动完成相应的装配操作;集成控制系统软件根据集成管理层指令,完成设备的自检、调姿单元的路径规划及协调运动;数字化测量系统根据集成管理层指令,完成现场测量操作。

2) 集成管理系统

集成管理系统包括装配工艺集成管理软件系统和装配系统数据管理系统两个

部分。装配工艺集成管理软件通过工业以太网络将控制系统、测量系统及数据管理系统集成为一整体系统;实现部件对接装配工艺过程管理、工艺装备的调度、装配过程数据采集、对接仿真分析及调姿方案决策、装配结果分析和报告等功能,并提供部件对接装配工艺操作人机界面。装配系统数据管理系统利用数据库存储和管理装配对象特征数据、增强参考系统相关数据;存储和管理装配系统中所有工艺装备的特征数据;利用与工艺集成管理软件的接口自动记录装配过程数据并按架次进行有序管理;提供具有数据输入、编辑、审查、查看等功能的人机界面[3]。

(1) 装配工艺集成管理系统软件。

根据功能需求和性能需求,按照三层软件结构的思想,将集成管理系统划分为以下 8 个子模块:工艺流程管理模块、现场过程数据采集模块、计算分析与仿真模块、过程监控模块、事件记录与分析模块、通信接口模块、异常处理模块与用户接口模块,如图 3-19 所示。

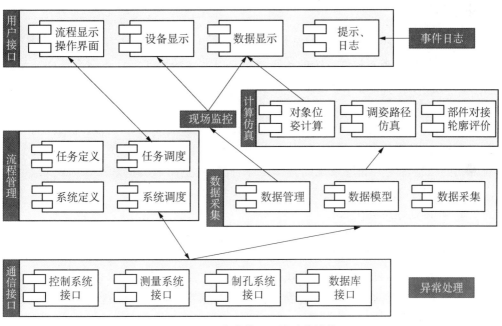

图 3-19　集成管理系统功能模块

a. 工艺流程管理模块:

装配工艺流程管理模块负责定义装配工艺流程,包括各个任务的操作内容、相关子系统、各子系统职责、前提条件等、定义正常的工艺路线。装配工艺流程管理系统还要完成工作任务验证、任务组织协同和子系统调度等基本任务管理功能。

b. 过程数据采集模块:

过程数据采集模块通过底层系统间接获得现场数据,如激光跟踪仪测量数据、控制系统产生的定位器动态数据、自动制孔操作产生的动态数据等。如激光跟踪仪测量所得的检测点三坐标值、定位器通过光栅尺反馈回来的位置信息等。

数据采集过程首先是由底层系统实时获取现场原始数据并进行处理,再将处理后的数据通过通信接口模块传送给集成管理系统。集成管理系统对动态数据进行分析、评价并分类管理。

c. 计算分析与仿真模块:

部件姿态的计算评价:根据测量系统返回的机身部件检测点数据计算部件在装配坐标系下的位置与姿态。

调姿路径仿真分析:对调姿对接控制系统返回的调姿路径基于刚体不变性原则进行仿真分析,保证调姿路径的同步性。

d. 过程监控模块:

为保证产品安全,需要根据现场采集所得数据对装配过程进行现场监控,特别是对于部件入位、对接等关键工艺。

e. 事件记录分析模块:

事件记录与分析模块详细记录集成管理系统开机运行后的任务调度信息,执行状态信息,供用户查看软件系统的运行状况。以文本的形式将日志在系统中显示,并将其记录填入日志表,存入数据库系统。

f. 通信接口模块:

通信接口模块起到通信代理和数据交互的作用,对于每一个子系统,建立相应的接口模块,该模块基于 TCP/IP 协议和 Windows Socket 建立,负责将集成管理系统发出的信息转化为底层系统的具体操作,同时负责将收到的底层系统的信息汇总,并将其转化为集成管理系统所认可的数据结构。

g. 异常处理模块:

异常处理模块的功能针对当前不当操作或不可预测的外力对系统所产生的影响,进行恢复,使损失尽可能减小,避免对整个系统产生破坏性影响。

在系统设计中采用定点(任务执行进程)备份机制,系统在采集现场数据的同时便将该数据存入数据库中,发生异常后便能从数据库中重新获取这些数据,用以恢复发生异常之前的状态。

h. 用户接口模块:

用户接口模块提供了一个现场操作人员与集成管理系统交互的环境。该环境包括了用户操作界面与音频报警单元。

(2) 部件对接装配系统数据库。

装配数据库主要用于存储和管理定位器的相关参数、装配机型基本参数和工艺参数信息、机床及终端执行器参数、坐标系、制孔程序以及装配工作过程中产生的动态过程数据。

为了有效便捷的管理数据,数据库设计引入飞机架次管理的思想,根据面向对象的设计方法,将数据分为 5 个模块:

(1)装配对象管理模块:管理飞机零部组件的各种属性信息,如名称、位置、几何参数、模型文件、父对象标识等,通过父对象标识以树结构的形式,管理各对象间的相互关系,便于查询和管理各对象的所有子对象和父对象信息。

(2)装配设备管理模块:管理控制及测量系统中的设备信息,如设备类型、位置、与父设备的转换关系等信息,同样也以树结构的形式管理着设备间的父子关系。

(3)装配任务管理模块:管理装配流程中的各种工艺操作信息,如入位、测量、调姿、对接等信息,依据任务前后顺序关系及包容关系,确定任务间的父子关系,任务数据与对象数据、设备数据相关联,需要确保数据的完整性。

(4)装配过程数据管理模块:记录装配过程中产生的实际装配数据,包括检测点的实际测量数据及测量时的环境参数、装配对象的姿态评价数据、部件对接处的对缝阶差与距离数据等。

(5)用户管理模块:为保证数据库数据的安全,对操作用户进行角色管理,不同角色的用户对数据的操作权限不尽相同。

参考文献

[1] 范玉青,等.大飞机数字化制造工程[M].北京:航空工业出版社,2011.
[2] 盖宇春.大型飞机总装配中支撑点设计分析技术[J].浙江大学学报,2013(12):2176-2183.
[3] 应征.飞机数字化装配系统运动数据集成及监控技术[J].浙江大学学报,2013(5):761-767.

4 机器人自动化制孔系统

4.1 概述

飞机装配技术面临着自动化、数字化和柔性化的发展趋势，面对日益激烈的竞争，在研制飞机自动化装配系统时需要综合考虑装配效率、系统柔性、设备成本等因素。与壁板自动化装配常用自动钻铆系统不同，自动化制孔系统更常用于部段总装和部件对接，这些位置由于开敞性问题往往只适合采用自动化制孔的方法。轻型自动化制孔系统是在装配效率、系统柔性和设备成本之间折中的一种方案，受到国内外业界的普遍重视。

当前飞机轻型自动化装配系统主要有三种典型形式：基于工业机械臂的自动化制孔系统，基于柔性轨道的自动化制孔系统，自主移动式自动化制孔系统[1]。

基于工业机械臂自动制孔系统（以下简称工业机械臂制孔系统）是利用市场上通用的工业机械臂为设备本体，配合相应的末端执行器组成的自动化装配系统，是当前最多的一种轻型自动化装配系统解决方案。结构形式如图 4-1 所示。

图 4-1　工业机械臂制孔系统

工业机械臂制孔系统主要系统集成商有宝捷公司、EI 公司等。国外已经形成了比较成熟的产品，大量应用于波音、空客等飞机制造商。

国内近年来各主机厂和高校合作也大量开展工业机械臂制孔系统的研究。成都飞机工业(集团)有限责任公司、沈阳飞机工业(集团)有限公司、南京航空航天大学、北京航空航天大学、浙江大学等都对这种轻型自动化制孔系统投入巨大人力物力，开发出多种系统[1-8]。

图 4 - 2　柔轨自动制孔系统

基于柔性轨道的自动制孔系统(以下简称柔性轨道制孔系统)是由波音公司提出的轻型自动化装配系统解决方案[9]。在产品表面有吸附的柔性轨道，在其上有小车沿轨道滑动到相应位置，进行自动化制孔，如图 4 - 2所示。

EI、AIT、宝捷公司都有成熟的系统，大量应用于波音空客等飞机装配制孔。国内北京航空制造工程研究所较早开展该系统的研究，也已经研发出原型系统[10]。北京航空航天大学、上海交通大学、沈阳航空航天大学和南京航空航天大学等也开展了相应的研究工作。另外浙江大学开发了一种环形轨道系统，如图 4 - 3 所示，可以看成柔性轨道系统的一种变形，以刚性轨道代替柔性轨道。

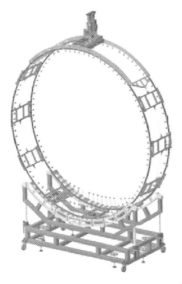

图 4 - 3　环形轨道系统

自主移动式自动制孔系统(以下简称自主移动制孔系统)是一种最新的轻型自动化装配系统解决方案。自主移动制孔系统与柔性轨道制孔系统同属于轻型、柔性自动化装配系统,两者都利用真空吸盘将自身吸附在工件上制孔,这也是与一般的大型数控自动化装配系统最大的不同。但与柔轨系统相比具有一些重要的优点,比如设备安装简单,简化了安装工作及安装系统所用的工装,因此投入生产前的准备时间大大缩短,应用的灵活性也更高。自主移动式自动制孔系统符合轻型化、柔性化、模块化的发展方向。

目前所知较为成熟的自主移动制孔系统是 M. Torres 公司的产品,如图 4-4 所示,该系统被空客 A350 采购用于机身尾段环铆。

图 4-4　M. Torres 公司自主移动式自动制孔系统

国内由南京航空航天大学、上海飞机制造有限责任公司和北京航空航天大学合作研制成功自主移动式自动化制孔系统[12-14],如图 4-5 所示。

4.2　自动化制孔系统原理

自动制孔系统一般都有调姿定位机构、末端执行器、控制系统和检测反馈系统几部分组成。其中末端执行器在功能和结构上比较类似,而调姿定位机构则变化较大。

4.2.1　工业机械臂制孔系统组成和原理

机器人机械臂自动装配系统通常由机器人、末端执行器和控制等子系统组成。在工作时,机器人首先把末端执行器运转到指定铆接点,并调整姿态使钻铆单元垂直于零件表面(即完成寻法线过程),然后再由末端执行器完成钻孔、锪窝、放钉、铆

图 4-5 南航等合作研发的自主移动制孔系统

接等工序。

工业机器人一般由主构架(手臂)、手腕、驱动系统、测量系统、控制器及传感器等组成。目前能提供机器人自动装配系统的厂商很多,其中能自主研发、生产机器人的供应商有 KUKA 公司、BC 公司、ABB 公司等,其他机器人自动装配系统集成商如 EI 公司、BRÖTJE 公司等的产品通常是根据客户需求,利用现有的成品机器人,再融合进自己公司设计的末端执行器与辅助设备形成自动装配系统。目前,由于 KUKA 在重型机器人研究方面具有独特的优势,大多数系统集成商采用的是 KUKA 机器人。

一般来说,机器人通常含有 6 个自由度(第 7 个自由度的是在标准机器人底部增加了线性滑轨单元),在结构上 6 个自由度全部为旋转自由度,其中机器人手臂具有 3 个自由度(运动坐标轴),机器人作业空间由手臂运动范围决定;手腕也具有 3 个自由度,它是机器人工具(如机加工刀具、夹爪等末端执行器)与主构架的连接机构;驱动系统为机器人各运动部件提供动力,使之产生相应的运动;测量系统用于机器人运动部件的位姿(如位移、速度和加速度)的测量;控制器(KRC)用于控制机器人各运动部件的位置、速度和加速度,使机器人手爪或机器人工具的中心点以给定的速度沿着给定轨迹到达目标点;通过传感器获得搬运对象和机器人本身的状态信息,如工件及其位置的识别,障碍物的识别,抓举工件的重量是否过载等。

4.2.2 柔性轨道制孔系统组成和原理

EI 的柔轨系统一般具有 4 个轴,只有标准型式系列中的超宽型有 5 个轴,分别是 X、Y、Z、A、C。沿柔轨的移动为 X 向,加工平面内垂直于导轨的移动为 Y 向,钻头进给方向为 Z 向,A 轴是绕 X 轴的转动,C 轴是绕 Z 轴的转动。以 X、Y、Z 三个方向的直线运动为主，A、C 两轴主要起补偿修正作用。

柔性轨道有两根，一般只有一根主轨道是齿轨，作为小车在 X 方向上的定位基准，并且驱动力通过小车上的伺服电机和减速装置作用在齿轨上推动小车沿 X 方向运动。另外一根柔轨是辅助导轨（副轨道），辅助支撑小车运动以及平衡小车钻孔的进给力产生的反力。对于超宽型柔轨制孔系统，主副轨道都有电机，X 轴由双电机驱动，C 轴的运动是通过副轨道侧 X 轴驱动电机实现的。柔轨上装有快换接头，可以方便地将两段柔轨连接起来，扩展长度以实现较长距离的钻孔。柔轨通过真空吸盘吸附在工件表面，每个吸盘都与柔轨下的真空管道相连，真空管道与真空源相连，从而能提供持续不断的吸附力。

柔轨安装工装：EI 的柔性轨道制孔设备用在机身对接上时，需要一套专门的工装型架来安装和管理设备，一般为左右两侧可向机身拉合的两个型架。机身对接时，根据机身大小可以设计成双层或多层。

EI 的柔性轨道（Flex Track）制孔系统配备的移动小车集成了几个轴的驱动机构和钻孔锪窝单元。按照能否在柔轨之外区域制孔分为偏心型和标准型。标准型是最基本的，小车只能在两排轨道之间的区域制孔，具有较宽的 Y 向工作范围。根据轨道间距不同，在 Y 向上加工宽度有 15 ft[①]、18 ft、24 ft 和 38 in[②] 几种，标准小车的型号也依此划分，其中 38 in 型是标准小车系列中的超宽型。超宽型大大扩展了标准型在 Y 向的加工范围，比如在一些机身对接结构上，可以实现对接带两边较宽范围的长桁或长桁接头的制孔。偏心型小车主要是克服了常规小车只能在轨道之间区域钻孔的不足，将钻孔范围扩展到轨道外，能适合一些常规小车因为柔轨布置空间限制而无法钻孔的场合，比如门框、机翼前后缘，但不足之处是这种小车在柔轨之间的制孔范围较小。

EI 公司的柔性轨道系统所有的电气控制模块都集成在一个可移动的电气控制柜中。控制柜可以移动，所有的线缆都方便拆卸，为加工现场提供了极大的灵活性。控制系统是 Fanuc 公司的 CNC 数控系统

4.2.3　自主移动式制孔系统制孔系统组成和原理

自主移动式轻型自动制孔系统的机械系统可以分为自主移动机构与末端执行器两部分。自主移动机构本身的定位精度、稳定性、负载能力影响飞机制孔质量、制孔精度以及制孔效率。

与一般的自主移动机构比，飞机装配自主移动机构的特殊性主要表现在：

（1）需要在曲面上甚至是倒吊或垂直的位置上工作。这决定了无法采用常见的轮式结构。

（2）需沿法向制孔，机构将承受 120 kgf 左右的压紧力和制孔力，且不能偏离法

---

① ft（英尺）为长度非法定单位，1 ft＝3.048×10⁻¹ m。

② in（英寸）为长度非法定单位，1 in＝2.54 cm。

向。这决定了常见的仿生式结构难以胜任这种高承载和高刚性的工作环境。

（3）由于工作空间和飞机表面承载的限制，自主移动机构必须重量轻，否则吸盘难以提供足够的吸附力。

M. Torres 公司的产品如图 4-6 所示，主要由行走单元，制孔单元，控制系统和软件系统组成。其中行走单元大体上分为内外两个框架，每个框架均配备 4 个真空吸盘足。出于行走过程中的安全性考虑，内外框架的足配备两套独立的真空系统，使得任何时候，都能至少有一个框架的 4 个吸盘足为系统提供足够的吸附力。通过由丝杠驱动的内、外两个框架的轮流移动实现系统在工件上的爬行。框架内部提供 X，Y 向精确运动已实现一个区域内制孔。控制系统由带操作台的可移动式电气柜（包括相应电源、气源等控制系统）和主控制单元（上位机）组成。软件系统主要是将 APT 文件或 XML 文件转化为加工程序的后置处理软件以及系统的图形化控制界面。

南京航空航天大学等合作研制成功自主移动式自动化制孔系统也是由自主移动机构、末端执行器（制孔单元）、运动控制系统和集成控制软件组成。其中自主移动机构采用双框八腿真空吸附式的结构，配合特殊的运动补偿机构，实现 X、Y、Z 和 A、B 五坐标运动。其结构简图如图 4-6 所示[13]。

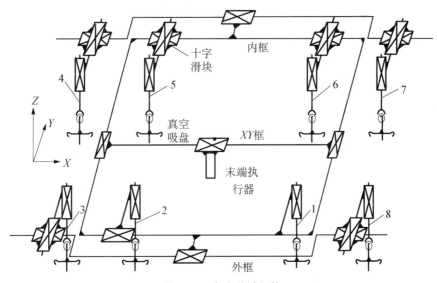

图 4-6　自主移动机构

该并联机构由 XY 框、末端执行器、内框、外框以及与其相连的 8 条腿组成，图 4-6 中标明的 8 条腿形成八条支链，均通过与支链末端球铰相连的真空吸盘结构固定在机身上。为方便表达和分析，以固定腿为第 1 支链，顺时针排序。支链 1 为 SP 结构（S 表示球副，P 表示滑动副，以下表示同样含义），包含连接内框的移动副和支链末端球铰；支链 2 为 SPP 结构，两移动副轴线垂直，支链初端移动副与内框相连；

支链 3、4、5、6、7、8 结构相同，均为 SPPP 结构，且 3 个移动副轴线相互垂直，通过包含两个移动副的十字滑块与框相连。各支链中 Z 向移动副为驱动副，其垂直于框平面。XY 框通过一个 Y 向移动副与内框相连，末端执行器通过一个 X 向移动副与 XY 框相连。内框以及与其相连的 4 条腿为内框架，外框以及与其相连的 4 条腿为外框架，内框架与外框架通过两个轴线平行的 X 向移动副相连，该移动副为驱动副。由于各支链与框通过移动副相连，且支链主体结构与框垂直，当机构通过吸盘固定在机身上时，确保了结构的刚性和稳定性。

八足并联自主移动机构依靠腿部末端真空吸盘固定于飞机表面，其运动过程可分为行走过程和法向调姿过程。

自主移动机构的行走采用内外框交替前进方式移动，首先，以内框架及其相连的 4 条腿为支撑，松开外框架相连四条腿的足端真空吸盘，腿上驱动杆带动腿 Z 向上升，在外框架上 X 向驱动杆作用下，外框相对内框向前运动，实现沿 X 向的移动，外框架腿上驱动杆带动腿 Z 向下降，吸紧；再以外框及其相连的 4 条腿为支撑，在外框架上 X 向驱动杆作用下，内框相对外框向前运动，内框架腿上驱动杆带动腿 Z 向下降，吸紧；如此重复直至到达预期位置。

法向调姿过程：到达目标位置后，8 条腿吸紧，通过内框架上 X、Y 向驱动杆实现末端执行器 X、Y 方向的调整；通过 8 条腿上驱动杆的运动，可以实现 Z 向和两个转动自由度调整，此时末端执行器可进行工作。

以南京航空航天大学等研制的自主移动系统为例，其法向调姿状态中，8 条腿吸紧，外框上 X 向驱动杆锁死，内外框相对固定可视为同一构件，如图 4-7 所示。

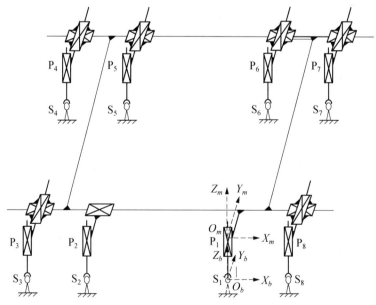

图 4-7　法向调姿

末端执行器在内框内具有 X、Y 向两移动自由度,其与内框的法向调姿运动相互独立。因此将框体(包括内框、外框、末端执行器)视为动平台,机身表面视为定平台,8 条腿为连接动定平台的支链。图中球副位置记为 $S_i(i=1,2,\cdots,8)$,腿上移动副位置记为 $P_i(i=1,2,\cdots,8)$。

法向调姿后,末端执行器可进入工作状态,此时机构通过吸盘固定在机身上,整个机构自身自由度为零,可视为一个固定的框架,同时由于各腿与内外框通过移动副相连,且腿主体结构与框身垂直,除自身重量以外,各腿只承受拉伸或压缩载荷,相对于关节式的仿生结构,确保了高刚性和高承载能力。

运动学反算解法指已知动平台的位姿(位置和姿态),反求该机构的输入量[11],即 8 个腿升降的位移量。

自主移动机构有 8 条腿始终与框架平面保持垂直的特点,该设计是为了保证调整后腿部能够沿制孔法线方向。因此平台位姿可以用制孔法向量 $(\cos\alpha,\cos\beta,\cos\gamma)^{\mathrm{T}}$ 表示,设定初始位置平台处于 $\{0,0,1\}^{\mathrm{T}}$ 的位置,运动学反算解法可以描述为由初始状态调姿到 $(\cos\alpha,\cos\beta,\cos\gamma)^{\mathrm{T}}$ 状态,8 个腿升降的位移量。

令腿 $Z_i(i=1,2,\cdots,8)$ 上的球副位置为 $S_i(i=1,2,\cdots,8)$,其腿上移动副位置为 $P_i(i=1,2,\cdots,8)$,各腿长为 $h_i(i=1,2,\cdots,8)$。

建立如图 4-8 所示右手正交坐标系。定坐标系:$O_b-x_by_bz_b$,为方便计算,原点 O_b 位于 S_1 上,x_b 为初始状态 S_2 指向 S_1 的方向,y_b 为初始状态下 S_1 指向 S_4(初始 S_1S_6 垂直于 S_2S_1),z_b 为 x_b 和 y_b 确定的右手坐标系。动坐标系:$O_m-x_my_mz_m$,原点 O_m 为 P_1,z_m 与腿的升降方向平行,x_m 平行于 P_2P_1 方向。初始状态动坐标系与定坐标系重合。

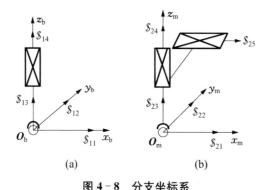

$$(a) \qquad\qquad (b)$$

图 4-8　分支坐标系

动坐标系 O_m 与定坐标系 O_b 的坐标转换矩阵 $\boldsymbol{R}_{bm}$ 如式(4-1)所示。因为空间旋转矩阵为正交矩阵,故 $\boldsymbol{R}_{bm}$ 存在逆矩阵,且 $\boldsymbol{R}_{bm}^{-1}=\boldsymbol{R}_{bm}^{\mathrm{T}}$。

$$R_{bm} = \begin{bmatrix} \cos(x_b x_m) & \cos(x_b y_m) & \cos(x_b z_m) \\ \cos(y_b x_m) & \cos(y_b y_m) & \cos(y_b z_m) \\ \cos(z_b x_m) & \cos(z_b y_m) & \cos(z_b z_m) \end{bmatrix} \qquad (4-1)$$

动坐标系相对于定坐标系的位置为

$$O_b O_m = (0,\ 0,\ h_1)^T \qquad (4-2)$$

任一点 D 在定坐标系位置坐标矢量 D_b 和在动坐标系的位置矢量 D_m 关系为

$$D_b = R_{bm} D_m + O_b O_m \qquad (4-3)$$

$$D_m = R_{bm}^T D_b + R_{bm}^T O_b O_m \qquad (4-4)$$

设点 S_i 在坐标系 $O_b - x_b y_b z_b$ 和 $O_m - x_m y_m z_m$ 的坐标分别为 $S_{bi} = (x_{sib},\ y_{sib},\ z_{sib})^T$ 和 $S_{mi} = (x_{sim},\ y_{sim},\ z_{sim})^T$。

$$S_{im} = R_{bm}^T S_{ib} + R_{bm}^T O_b O_m \qquad (4-5)$$

$$S_{im} - S_{1m} = R_{bm}^T (S_{ib} - S_{1b}) \qquad (4-6)$$

其 z 向分量 $z_{sim} = -h_i$，$z_{s1m} = -h_1$，代入式(4-6)可得

$$\begin{aligned} h_i = h_1 &- \cos(x_b z_m)(x_{sib} - x_{s1b}) + \\ &\cos(y_b z_m)(y_{sib} - y_{s1b}) + \\ &\cos(z_b z_m)(z_{sib} - z_{s1b}) \end{aligned} \qquad (4-7)$$

z_m 与法向量重合,所以有: $\cos(x_b z_m) = \cos\alpha$; $\cos(y_b z_m) = \cos\beta$; $\cos(z_b z_m) = \cos\gamma$。并且由于 S_1 为定坐标系原点,所以 $S_{1b} = \{x_{s1b},\ y_{s1b},\ z_{s1b}\}^T = \{0,\ 0,\ 0\}^T$,代入公式(4-7)得

$$h_i = h_1 - \cos\alpha \cdot x_{sib} - \cos\beta \cdot y_{sib} - \cos\gamma \cdot z_{sib} \qquad (4-8)$$

本节的反解算法为实际应用的控制算法提供依据。实际应用中,由于初始状态 $S_{ib}(i = 1,\ 2,\ \cdots,\ 8)$ 的坐标和腿长已知,通过末端执行器上的法向检测系统检测法向 $\{\cos\alpha,\ \cos\beta,\ \cos\gamma\}^T$,固定腿 h_1 一般不变,由式(4-8)可以计算调整后各腿的长度,也可以得出腿调整的位移量,最后控制系统驱动电机达到目标法向位置。

4.3 自动化制孔末端执行器设计

4.3.1 末端执行器设计概述

三种形式自动制孔系统都必须用到末端执行器,相对而言,工业机械臂由于刚性相对较弱,自主移动式制孔系统对整体重量要求更高,所以对末端执行器结构重要优化的需求更大。

仅仅从制孔的功能而言,轻型自动化制孔系统的末端执行器研制似乎并不困难,然而考虑飞机装配的零部件特点和装配精度要求,末端执行器的研制面临很多技术难点从而成为一项关键技术。

其困难主要体现在:

(1)飞机装配的锪窝精度要求很高。这种精度要求体现在从蒙皮表面开始,锪窝深度有严格的技术要求。这造成了除对主轴 Z 向进给提出了很高的要求外,对蒙皮表面的检测精度也同样提出了很高要求,制孔时蒙皮表面受压变形成为无法忽略的因素。

(2)孔位检测精度要求。孔位检测精度涉及整个制孔坐标系的确定,也就决定了孔位精度。

(3)法向检测精度和传感器标定。决定了制孔垂直度,是制孔最重要的性能指标之一,要考虑传感器精度、传感器布置、传感器标定等多种因素。

(4)不同设备本体需要配备的末端执行器有不同要求。用于工业机械臂的末端执行器 Z 轴进给是保证制孔的重要功能,而自主移动机构如设计合理所用末端执行器 Z 轴进给可通过腿部进给实现,末端执行器可以不需要 Z 轴进给。另外压力脚设计也有差异。

常见末端执行器主要技术指标为:

(1)制孔径范围 $1\sim12\,\mathrm{mm}$;

(2)孔距误差小于 $\pm0.03\,\mathrm{mm}$;

(3)孔径误差小于 $\pm0.05\,\mathrm{mm}$;

(4)进给行程 $50\,\mathrm{mm}$;

(5)总重量小于 $40\,\mathrm{kg}$;

(6)压力脚压紧力能达到 $1000\,\mathrm{N}$,以便能够对工件进行可靠压紧。

4.3.2　制孔单元

制孔单元主要完成装配孔的制成工作,一般由刀具、刀柄、主轴、和 Z 向进给模块(可选)等几部分组成,其中主轴是关键模块。

根据需求,制孔主轴有机械主轴、电主轴之分(见表 4-1)。机械主轴具有精度高,稳定性强,价格适宜,外部传动等优点,机械主轴的另一个优点是输出扭矩比较稳定,尤其是低转速时可以保证比较稳定的输出。电主轴具有占用空间小、高速钻削,往往能达到每分钟上万转的加工速度,并且可无级变速,但其往往也具有价格昂贵,需要外带水冷循环系统,内部易升温等缺点。根据这些特点,我们需要考虑自动化制孔单元的本体特征,适当选用不同的主轴。从目前的行业设备来看,工业机械臂制孔系统多采用更加轻便的电主轴,柔性轨道系统和自主移动系统更倾向于采用不外带液体冷却系统的机械主轴。

表 4-1　部分自动制孔末端执行器制孔单元主轴参数

名称	转速 /(r/min)	扭矩 /N·m	峰值扭矩 /N·m	进给速度	刀柄规格
宝捷 IPAC	500～18 000	3.5	—	—	HSK16-32
KUKA	1 000～20 000	4.5	—	0～2.4 mm/min	HSK32E
M. Torres 爬行机器人	100～6 000	2	2	0.05～0.25 mm/r	HSK-32
BI 的柔性轨	0～6 000	2	6	—	HSK-32
宝捷柔性轨	500～6 000	1.4	—	2～60 mm/min	HSK-32

Z 向进给是保证主轴钻孔过程中给予主轴合适的进给量。Z 向进给一般采用两种方式，由末端执行器上一个单独的传动模块(多用导轨丝杠系统)提供 Z 向运动；或者由设备本体结构提供 Z 向运动。采用哪种方式一般由设备的结构形式确定。像机器臂这类直线运动需要多轴协同插补来完成的设备本体，一般 Z 向运动采用末端执行器上一个单独的传动模块的形式。而像部分自主移动式制孔系统这类设备可以稳定实现直线进给的设备本体，Z 向运动可以不用末端执行器提供，这样可以减少末端执行器的重量。

4.3.3　压紧单元

由于飞机结构上的紧固孔是在各连接零件组装在一起时(即在夹层状态下)制出来的。因此，当夹层件贴合不紧密时，每钻透一层夹层件，都会在夹层件之间产生毛刺，这不仅会导致应力集中，还会妨碍零件的紧密贴合，进而降低连接零件之间的摩擦力。当刀具每次钻出、钻入时，还会造成断屑，由于切屑的运动方向改变，切屑可能填充在板件之间，从而进一步妨碍夹层贴合，当受到交变载荷时，便加快磨损腐蚀。因此必须在钻孔时保证夹层件贴合紧密。因此末端执行器的压紧单元在整个钻孔的过程中都必须压紧在工件的表面，使工件之间尽量地贴合来减少钻孔时毛刺的产生。

在钻孔时压紧单元对产品表面施加一定的压紧力，主要作用是保证贴合面接触，从而实现无毛刺和避免切屑的进入。另外，通过压紧也可以减少加工时振动和提高动态刚度。可见末端执行器的压紧单元对钻孔的质量有很大的影响。压紧单元主要由压紧执行元器件(气缸)、压力脚组成。由于压紧单元在钻孔时要对工件的表面施加压紧力，所以必须有一个系统为其提供动力。

装配贴合面毛刺产生的情况和出口毛刺一样，如果不加特殊处理，会有两个问题：一是即使采用最优的工艺参数实现无毛刺较困难(飞机零部件主要为薄壁结构，刚性差是其重要特点)；二是制孔时钻头轴向力使装配界面分离，无法保证切屑不进入。业界普遍采用的有效减少装配贴合面毛刺的方法是，通过局部施加压紧力来克服夹层界面分离，使装配的零件在制孔时"成为"一体，避免界面处出现出口毛刺,从而达到目标要求。可以说解决装配界面毛刺问题,压紧力比其他影响因素更重要。传统典型的自动钻铆设备采用双向压紧的方式,如图 4-9 所示,可以提供比较可靠的压紧力。这时压紧力只需克服轴向进给力和零件容差引起的不贴合,即可满足要求。轻型自动化装配系统通过单向压紧装置在保证加工柔性需求的同时也提供了满足工艺需求的压紧力,如图 4-10 所示。压紧单元的设计成为工艺应用考虑的重要问题。

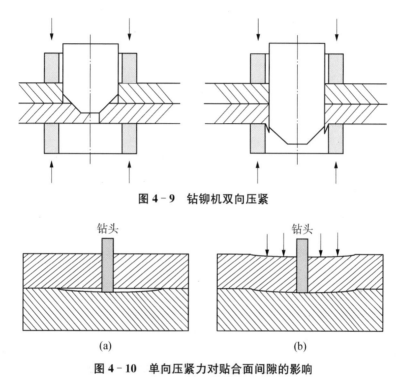

图 4-9 钻铆机双向压紧

图 4-10 单向压紧力对贴合面间隙的影响

(a) 钻削力引起的间隙　(b) 施加后结果

压紧单元的设计首先要考虑所需压紧力的大小。从工程的角度来看,这又需要分析飞机结构在压紧力下的响应。解决该问题可以有三种办法:第一,理论分析法,即通过理想模型的创建,得出一个解析解;第二,通过有限元仿真的方法分析不同压紧力的情况,对比得出的结果,提供一个较好的压紧力范围;第三,试验法,设计制造试验件,在不同的压紧力情况下进行钻孔,测量钻孔后装配界面的毛刺高度,通过比较得出最佳的压紧力值。以上三种方法,理论分析法因为要分析的模型接触关系复杂,而且长桁、长桁接头以及框均为不规则截面的零件,利用相关理论很难求出解析解。试验法优点是更符合实际情况,但是其成本高,周期长。有限元法的优点是成本较低,可以在较短时间内分析出多种工况下的变化趋势,但是由于有限元本身的误差以及与实际分析模型的些许偏差,需要对结果做出修正,对分析模型不断优化最后得到一个合理的结果。

南京航空航天大学对此问题进行了深入的研究[15-17],目前的结果表明,1 000 N压紧力是比较合理的范围,这也和目前国外主流厂商提供末端执行器的压紧力范围一致。

国内外末端执行器在压紧单元结构设计上一般采用气动驱动形式,也有部分选择电动驱动。

气动驱动有以下优点:①气动驱动,具有压缩性和过载保护能力;②气动往往结构更紧凑,结构重量较小;③气动驱动的成本较低。

气动的压紧单元主要由压紧执行元器件(气缸)、驱动装置组成。末端执行器压紧单元的基本工作原理是压力脚两边安装有两个滑块,使压力脚可以在导轨上自由的滑动。而压力脚的中间为一个与钻孔系统同轴的圆孔,在压力脚压紧工作表面时主轴则通过这个圆孔实施钻孔。当开始钻孔时,由驱动装置驱动压力脚向前运动使其压紧在工件的表面,对工件的表面施加的一定的压力来保证钻孔时贴合面的接触同时减少加工时的震动和提高动态刚度。在钻孔完毕后由驱动系统将压力块拉回,使其脱离工件的表面,以便爬行机器人系统可以移向下一个钻孔位置。

真空吸屑单元:在连接件上制孔,就不可避免的会产生切屑,末端执行器自动吸屑装置设计的功能就是在钻孔的同时把钻头钻孔所切削下来的切屑吸出并收集,在保证工作场地环境卫生的同时,还可避免因切屑对加工的铆钉孔的质量产生影响。

末端执行器自动吸屑装置要求在自动钻铆末端执行器钻铆工作的同时,能实现吸屑功能,完成自动吸屑装置的机械结构、气动系统和控制方式等。要使得切削所产生的切屑被吸出,吸屑装置需要一动力装置,在选择合适的动力装置之前,应经过计算,分析吸屑所需要的吸力的大小,并结合实际的吸屑情况,考虑其他因素的影响,选择合适的动力源。接着以此动力装置为核心,考虑其他连接件,包括最后与自动钻铆末端执行器压力脚的连接。

一般来说自动钻铆末端执行器吸屑装置分为动力部分、过滤部分(同时完成切屑的收集)、连接部分和其间的管路连接部分。其模拟的气路结构如图4-11所示。

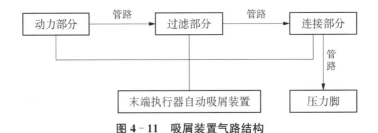

图4-11 吸屑装置气路结构

吸屑装置中,动力部分采用吸气泵,为末端执行器自动吸屑装置的吸屑工作提供吸力,气泵选型前需要经过吸力的计算,并且考虑末端执行器实际的工作情况和各种因素的影响,最终选择满足工作要求且性价比较高的吸气泵。

过滤部分要求能实现过滤功能并能收集末端执行器吸屑装置吸收的切屑,另外,过滤功能安全可靠,不影响前面动力部分的吸气泵的正常工作。在满足要求的前提下,要使其结构尽可能的简单,并且使用方便,可靠。

连接部分用于连接整个吸屑装置与自动钻铆末端执行器的压力脚,参考其压力脚的设计,在末端执行器压力脚处,设计出一连接零件,使整个吸屑装置与自动钻铆末端执行器相连接,要求在不影响自动钻铆末端执行器的正常工作的前提下,保证连接简便可靠的同时,尽可能使设计的零件简单。

管路连接部分贯穿于整个末端执行器自动吸屑装置,是极其重要的一个环节。其中,不同的部分对管路的要求也不一样。不同结构部分的对口径要求大小的不同,就需要使用不同规格的连接管连接。末端执行器自动吸屑装置对于气密性有一定要求,这就需要整个管路在同各个部分连接时,保证连接的气密性要求。因此,在设计各个部分时,就要兼顾到与管路的连接方式能否满足气密性要求(见图4-12)。

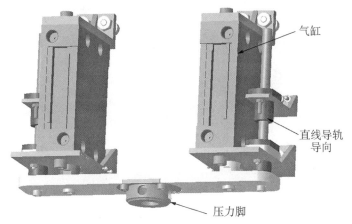

图4-12　一种典型的单向压紧单元结构

4.3.4　法向检测单元

在飞机装配检测系统中对于制孔法向的保证,是有明确规范的。在传统的手动钻孔铆接过程中,已经应用了很多简单有效的方法,如在制孔器前端加装一个钻模套,在制孔时,通过工人把环形的钻模套压实蒙皮后制孔,就能保证制孔法向的规范。但是由于传统的方式是接触式的,一般在手工操作或者是半自动操作时才能发挥比较好的效果。

而在自动化制孔系统中,法向检测技术也有明确的非接触式解决方案,如MPAC采用的涡流式传感器(见图4-13)采用了三个涡流传感器,具体的原理是,涡流传感器靠近金属时会产生涡流效应,从而得到了信号反馈。但是涡流传感器也具有一些局限性,如其对于法向测量时必须是金属件,而且必须很贴近蒙皮才会生产涡流效应,故其对飞机蒙皮的敞开性有一定的要求,且对于曲率比较大的蒙皮近距离测量后摆角调整范围受限。同样在非接触式法向检测技术中,激光测距仪的运用是现在主流的趋势。多组激光测距仪的测量方法能在离蒙皮较远的范围测量,并且测量精度较高(见图 4-14 和图 4-15)。

图 4-13　MPAC 上的涡流传感器法向检测系统

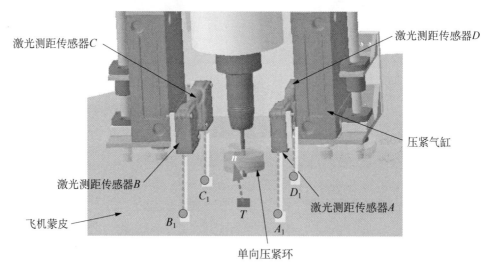

图 4-14　基于多激光测距仪的法向检测结构

法向检测算法很多,主要有两类,一类是把检测区域作为平面来处理,一类是把检测区域作为曲面来处理。作为曲面处理的情况大多依靠理论数模,这种做法看似准确,但考虑到实际测量位置与理论位置的偏差,以及理论数模和实际产品的容差,利用理论数模把测量区域作为曲面处理的方法似乎过于复杂且结果并不精确。因此,目前所知工程上应用的法向检测方法基本还是把测量区域作为平面处理。当然，对于某些特定的场合，例如商用飞机等直段的检测，是不是采用圆柱曲面来处理更准确，需要实践来进一步检验。

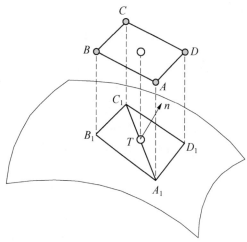

在孔位检测方面，一般都运用摄像头作为主要元器件。但图像后处理的软件区别比较大，并且差距也比较大。本系统的照相检测单元部分包括 In-Sight 视觉系统、固定件、镜头、连接线、安装板和光源。在光源下通过镜头采集图像数据，通过连接线，经计算机处理，完成照相检测功能。在飞机自动化制孔工艺中，一般需要一些预装配孔或

图 4 - 15　基于四个激光测距仪的法向检测方法简图

者是一些标记点便于自动化装配系统的识别与后续工作。图 4 - 16 和图 4 - 17 是飞

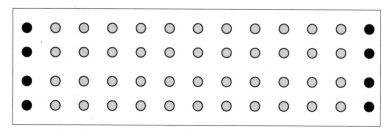

图 4 - 16　某飞机自动化装配试验件的制孔孔位

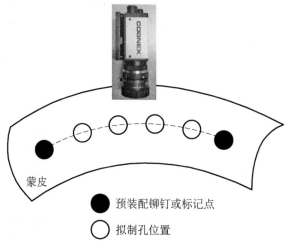

图 4 - 17　摄像头的孔位检测

机自动化装配技术中的制孔孔位的设定,两端深色孔为预装配铆钉孔,中间孔位是需要进行自动化制孔的孔位。

4.4　机器人制孔仿真与离线编程

4.4.1　机器人离线编程系统的概述

飞机产品具有零件多、尺寸大、刚性差、曲面复杂、精度要求高等特点,且批量相对小。因此自动化装配对设备精度要求高,因此精度补偿和离线编程技术成为飞机自动化装配有效实施所需要的关键技术。

机器人离线编程系统以计算机图形学为依托,建立机器人本体及其工作环境的几何模型,利用一些规划算法规划,对图形进行控制和操作,在离线状态下规划机器人加工任务和运动轨迹;通过对编程结果进行三维运动仿真,确保编程结果的准确性和整个加工过程的安全性;最终输出机器人控制器或者机器人集成控制系统能够识别的数控加工程序。离线编程系统作为机器人实际应用的重要工具,不仅能够保证加工质量,大大提高加工效率,还能增加机器人加工的安全性。

机器人离线编程系统作为机器人与 CAD/CAM 系统的桥梁,在设计时应该考虑以下几点:

(1) 机器人的应用领域和工作过程;

(2) 机器人与工作环境的三维实体建模;

(3) 机器人相关的几何学、运动学和动力学;

(4) 机器人加工任务规划算法,如确定机器人加工的先后顺序;

(5) 机器人运动轨迹规划和检查算法,如检查机器人关节角是否超限、检查碰撞以及规划机器人在工作空间的运动轨迹等;

(6) 基于以上几点的软件系统,具有图形显示功能,可进行机器人运动的图形仿真;

(7) 通信功能,即完成离线编程系统所输出的加工程序与机器人控制柜或者机器人集成控制系统进行通信;

(8) 用户接口,提供有效的人机界面,便于人机交互。

此外,为了保证离线编程系统程序输出结果的准确性,系统应能够计算仿真模型和实际模型之间的误差,并通过一定的算法校准离线编程系统中产品、机器人、工装等虚拟设备数模的安装位置,尽量减少仿真模型与实际设备之间的差别。

离线编程是飞机自动化装配区别于其他机械产品数控程序编程的重要特征。由于飞机批量较低、曲面复杂、孔位数量巨大,汽车等大批量自动化生产线采用的示教编程难以有效应用,离线编程成为应用所必需的核心软件技术。一般来说,从软件实现的角度,离线编程软件包含紧固件信息提取模块,数控自动编程模块,刀位文件生成模块,离线仿真模块,在线监测模块等部分。

4.4.2　机器人离线编程系统的组成

机器人离线编程系统根据机器人应用领域的不同,具体功能需求也不尽相同,但所有针对复杂任务的机器人离线编程系统均由人机界面、CAD 建模、系统标定、机器人加工任务规划、运动学计算、机器人加工轨迹规划、动力学仿真、软件通信接口和并行操作 9 部分组成。

机器人离线编程系统框图如图 4 – 18 所示。

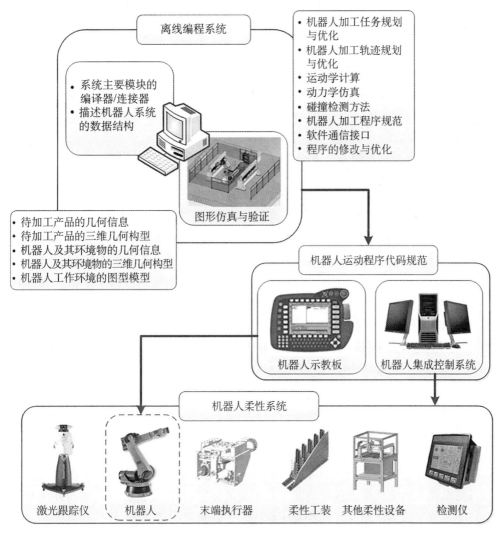

图 4 – 18　离线编程系统

（1）人机界面。良好的人机界面是机器人离线编程系统与操作人员进行交互的重要媒介，同时也是离线编程系统功能的显式表达。操作人员可以根据人机界面处理产品的三维数字化模型、编辑和修改机器人加工任务，建立和修改机器人加工系统的三维模型、规划机器人运动轨迹、修改机器人姿态，还可通过人机交互观察机器人的动态加工过程，打开干涉检测功能，实时监测系统安全性，系统可自动提示错误，操作人员根据系统提示，再次修改机器人运动轨迹和加工姿态，确保整个加工过程的安全性。

（2）CAD 建模。CAD 建模需要完成零件建模、设备建模以及机器人工作环境的设计和布局。零件建模是整个离线编程系统的关键，是整个系统的数据信息来源，直接关系到机器人加工任务的规划，通过对零件的建模，将离线编程系统需要的信息进行集成，整个系统的信息共享，实现 CAD/CAM 系统一体化。设备建模即将机器人工作环境中包含的离线编程系统需要规划的工艺装备以及对机器人工作环境有直接或者间接影响的设备进行建模，并以一定的方式对文件进行管理。机器人工作环境的设计和布局是指将以机器人的加工范围为条件，对机器人以及待加工产品进行布局，确保机器人在固定位置的最大加工范围，从而确定其他工艺装备的安装位置。

（3）系统标定。离线编程系统中仿真模型（三维数模）与实际装备模型存在制造和安装误差，产生误差的因素包括机器人本体误差、工作环境引起的误差以及离线编程系统误差。

a. 机器人本体误差：

机器人本体的误差体现在以下几个方面：连杆的制造误差和安装误差以及关节偏置，结构上的细小误差会使机器人终端有较大误差；机器人结构刚性的影响，在重载的情况下会产生较大误差；实际机器人模型，同一型号的机器人本体之间存在误差；机器人控制器的数字精度。

b. 工作环境引起的误差：

工作环境引起的误差主要是指工作环境的变化（如温度、噪声等）对机器人、工装等工艺装备的性能产生不利影响。

c. 离线编程系统误差：

离线编程系统误差体现在系统的数字精度和实际世界模型数据精度两个方面，对离线编程系统输出程序的准确性均有很大影响。

为尽量避免系统误差对离线编程系统的影响，系统标定至关重要。机器人离线编程系统的标定分为机器人标定、工件标定、工装标定、TCP 标定以及机器人拓展轴等对机器人加工产生直接影响的工艺装备的标定，标定过程即找到虚拟环境布局中各工艺装备的坐标系与实际环境中相应工艺装备之间的关系，并利用该关系对仿真环境中工艺装备的安装位置进行调整，完成虚拟环境与实际环境的匹配校准。

　　d. 机器人加工任务规划：

　　机器人加工任务的规划主要是指机器人加工序列的规划，即利用合适的算法，结合产品的加工工艺约束，寻找一条最优的加工路线。针对产品结构特点、加工形式以及加工工艺约束的不同，机器人加工任务规划方法不同。例如针对电路板等孔群加工问题，该问题可抽象为旅行商问题，机器人加工任务规划方法现阶段利用智能优化算法寻求机器人加工路径的最优解；针对应用于打磨的机器人，在对机器人加工路径规划时，大多采用行切法和环切法两种方法，以机器人关节运动组合以及临界重叠区为判定条件选择最优加工路径。

　　e. 运动学计算：

　　机器人运动学计算分为运动学正解与运动学逆解。运动学正解是指已知机器人所有的连杆长度和关节角度，求解机械手末端的位姿。运动学逆解即已知机械手末端的位置和姿态，求解机器人的每一个连杆的长度和关节的角度。在机器人离线编程系中，应具有自动生成运动学正解和运动学逆解的功能。机器人运动学逆解的求解规则是影响仿真模型与实际情况是否相同的重要影响因素，因此，需要保证离线编程系统所采用的运动学逆解求解准则与机器人控制柜所采用的准则一致。

　　f. 机器人运动轨迹规划：

　　机器人运动轨迹规划是指在机器人加工任务规划的基础上，在机器人从一个作业点移动到下一个作业点的过程中，寻找一条路径确保机器人、多功能末端执行器与产品本身以及产品夹持工装之间不会出现碰撞、干涉等现象。早期的机器人主要靠视觉观察来检查碰撞的发生，目前，三维几何体碰撞检测方法主要有三种：基于包围盒的碰撞检测算法、基于距离计算的碰撞检测算法和基于维诺图的碰撞检测算法；基于包围盒的碰撞检测算法是碰撞检测算法中应用最为广泛的一种。

　　g. 动力学仿真：

　　机器人在高速和重负载的情况下工作时，必须考虑机器人的动力学特性，以防止产生较大的误差。在进行机器人运动仿真的过程中，为了保证仿真环境中的机器人运动与实际机器人运动的一致性，在离线编程系统中，对机器人加工任务进行三维动态仿真的过程时，应能够设置机器人运动速度。

　　h. 通信接口：

　　离线编程系统中，通信接口是离线编程软件与机器人控制柜或者机器人集成控制系统之间的桥梁，利用通信接口，可以将离线编程系统规划的机器人运动程序转换成机器人控制柜或机器人集成控制系统能够识别的加工代码。

　　不同厂家的机器人语言不同，若离线编程系统输出的机器人加工程序直接与机器人控制柜通信，为了保证离线编程系统的通用性，需要涵盖众多厂家的机器人语言输出格式；若离线编程系统输出的机器人加工程序与机器人集成控制系统进行通信，则只需定义一套通用的代码规范，机器人集成控制系统根据实际机器人选型以不同的方式进行解码,翻译成为机器人控制柜能够识别的机器人语言。

目前,随着自动化的发展,众多自动化辅助设备崛起,使得机器人工作系统朝着离线编程系统与机器人集成控制系统相结合的模式发展,不仅能够快速生成机器人的运动代码,还能统一规划机器人加工系统中其他工艺设备的任务,并以代码的形式进行输出。

i. 并行操作:

并行操作是在同一时刻对多个装置工作进行仿真的技术,进行并行操作以提供对不同装置工作过程进行仿真的环境。机器人在一些工业场合经常涉及两个或者多个机器人协同操作的情况,此外,在离线编程系统中,除了仿真机器人的加工任务外,其他工艺装备的任务也应该进行仿真,确定各工艺装备任务进行的步调,确保仿真的准确性。

4.4.3　精度补偿

工业机械臂制孔系统由于其串联结构刚性差,对精度补偿技术需求最为明显,自主移动制孔系统次之。

精度补偿技术目前主要有两种方案:

一种是通过激光跟踪仪等实时检测设备,在线监测刀具点的位置,全闭环控制提高精度。这种方案具有通用性好,部署时间短,标定简单等特点,得到 KUKA 等国外集成商,以及浙江大学[1, 18]等国内研究应用单位重点研究和采用。

全闭环控制通常是引入视觉识别技术来对目标进行准确地提取与识别,或是通过采用嵌入式控制方法把激光跟踪仪、机器人和控制计算机集成起来,使机器人末端的位姿得到实时快速地反馈,从而提高机器人的定位精度。采用全闭环的控制方式往往可以达到很高的定位精度,一般可以达到±0.1 mm,但是这种方法成本投入较高,对于复杂部件的工业现场,实施尚存难度[19]。

一种通过网格补偿、压力补偿、温度补偿等方法,采用离线精度补偿算法,预置在控制算法中,从而明显提高自动化制孔系统的精度。该种方案具有响应速度快,控制系统简单等特点,得到德国宝捷自动化公司等国外集成商,以及南京航空航天大学和成都飞机公司等国内研究应用单位重点研究和采用。

南京航空航天大学提出一种基于空间网格的机器人精度补偿方法。该方法通过空间插值的方式进行机器人在目标期望点的定位误差预测,然后将其逆补偿到理论坐标上,从而提高机器人的绝对定位精度,方法简单,适用范围广,可实时进行补偿。对六自由度 KUKA 机器人的定位精度补偿方法进行了研究。该方法以激光跟踪仪为媒介建立机器人坐标系、工具坐标系和世界坐标系之间的转换关系,对于机器人工作空间内的任意定位点,将它在离线编程中的理论坐标与用激光跟踪仪测得的实际定位坐标之间的差异作为它的绝对定位误差。按一定的步长对机器人的工作空间进行立体空间网格划分,对于工作空间内的任一点,通过已划分的包围它的最小立方体网格的 8 个顶点的绝对定位误差进行空间插值来估算出该点的绝对定位误差,并将它逆补偿到理论坐标上用于提高机器人的绝对定位精度,如图 4-19 所示。试验结果表明,补偿前机器人的绝对定位精度为 1~3 mm,补偿后机器人的绝对定位误差的最大值为 0.386 mm,平均值为 0.156 mm,精度较未补偿前有了很大的提高,可以满足飞机自动化装配的高精度要求[19]。

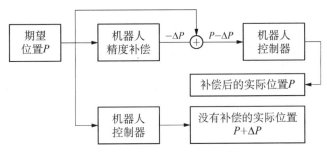

图 4-19　机器人精度补偿原理

4.5　应用要点和应用实例

自动化制孔工艺是在装配过程中,采用自动化的设备和技术,一次完成自动化的装配制孔工作,减少装配过程中制孔的工序,提升制孔质量。自动化制孔装配工艺流程如图 4-20 所示。

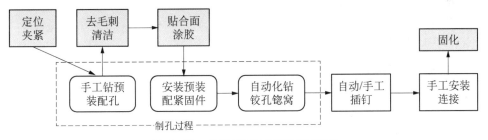

图 4-20　自动化制孔装配工艺流程

与手工制孔装配工艺相比,自动化制孔装配工艺有两项重大改变,一是钻铰锪一次完成,二是涂胶后等装配连接完成后才固化。

自动化制孔工艺不是没有手工工作,实际上需要手工完成预装配孔的制孔、去毛刺和安装预装配紧固件。预装配紧固件除了可以临时定位紧固各装配零部件外,一个最重要的作用是为自动化制孔确定孔位提供一个检测基准,自动化制孔系统通过检测这些预装配紧固件的位置,对实际产品需装配孔位进行修正和补偿,从而保证孔边距等主要技术指标。

事实上,飞机自动化装配技术的实施牵涉到从设计、零件制造、工艺装备、甚至紧固件的选用等所有环节。可以说自动化装配的实施是对整个领域进行革命性发展,而不是一个局部的技术升级。下面将进一步阐述自动化装配对整个领域的要求和影响。

1) 面向装配的结构划分

主要包括:

(1) 合理的划分分离面。

(2) 零件尽量按壁板分块,由于壁板装配的开敞性好,尽量按壁板分块可保证尽可能多的装配工作能够自动化完成。

(3) 保证质量和经济性的前提下尽量减少零件的数量。

2) 面向自动化装配的定位方法和基准选择

主要包括:

(1) 基准的统一原则,强调装配定位基准、零件制造基准、检验测量基准和设计基准的统一与重合,自动化对接测量基准宜与部件装配基准、机体大部件对接的基准一致。

(2) 测量基准应便于自动化测量,由于目前的先进测量手段激光跟踪仪、激光雷达等都需要注意测量设备和测量点之间不能有遮挡,因此一般宜在飞机外部结构上刚性较好的部位设置盲螺母,安装传感元件进行测量。

(3) 优先选用工艺孔定位和产品整体骨架定位等装配定位方法。

3) 面向自动化装配的连接紧固件选择

传统手工装配中紧固件选择更多考虑到紧固件本身成本、强度等因素,而自动化装配更多考虑到时间和效率的要求,这就要求紧固件选择更多地考虑能够实现自动化装配。主要体现在:

(1) 尽量减少连接紧固件类型,不同的紧固件类型,对自动钻铆设备的送钉系统、上下铆模、钉盒都有要求,频繁更换更是严重影响自动钻铆的效率。因此尽量采用相同的紧固件,可以极大减少自动钻铆系统的成本,提高装配效率。

(2) 尽量采用便于实现自动化装配的紧固件。

4) 自动化装配对生产线规划的要求

主要表现在:

(1) 按自动化工艺流程对生产线进行整体规划。

(2) 按生产速率配置自动化生产线,生产速率是配置自动化生产线时考虑的非常重要的因素,自动化装配必须保证各工位(包括手工准备工位)生产效率基本一致。因此在配置自动化装配生产线时,要平衡各工位的工时,保证一致的生产速率。

(3) 保证自动化装配线的一定的灵活性和可扩展性。由于只有在明确的生产速率下才能合理配置合适的生产设备,规划出合适的装配线面积。然而,对于处在研制阶段的大型客机来说,要给出确定的生产速率无疑是不现实的,年产量的变化、各工位所需工时与实际的差异,都给自动化装配生产线的规划造成了极大困难。因此需按几种生产速率进行生产线预规划,并综合各种情况进行装配设备配置,目标是使自动化生产线适应飞机不同发展阶段的需要,具有一定的灵活性和可扩展性。

5)自动化对接对部件装配的要求

大部件对接采用自动化对接,对部件的装配质量、变形控制、部件对接前检测等都有重要影响。总的来说,有如下要求:

(1)合理设置检验测量点和测量基准。

(2)部件装配后对接处有更高的精度要求。自动化对接要求部件装配后不留余量,交点尽量准确,尽可能一次对接完成。

(3)尽量采用框上对接的方式。框上对接由于有框的支撑,便于自动化制孔时保证自动化制孔设备压力脚的压紧力。

6)自动化装配对零件制造的要求

主要体现在:

(1)无余量精确制造的要求。

(2)装配协调孔的设置,装配协调孔的设置通过设计/制造并行确定,一般与产品连接件孔重合,需在工程图纸上明确标出。装配协调孔在自动化装配中起着非常关键的作用,设置时应主要考虑装配协调孔孔径、每个零件上装配的协调孔的位置和数量、孔位位置度公差、孔径精度要求等。

(3)工装工具孔/工艺孔的设置,工装工具孔/工艺孔的设置也通过设计/制造并行确定,一般单独设置,不与产品连接件孔共用,需在工程图纸上明确标出。工装工具孔一般布置在零件本体上,工艺孔一般布置在零件的工艺耳片上。

7)自动化装配对工装设计的要求

主要体现在:

(1)开敞性要求,自动化装配需要更好的开敞性,这就要求工装也满足开敞性要求。尽量采用基于装配协调孔定位装配之外(一般避免采用外卡板),也要尽量减少内形板的个数,一般情况下内形板的位置也要避免在框位(影响角片和蒙皮、机加框与蒙皮、钣金框和角片的装配)。

(2)柔性要求,自动化装配系统设备昂贵,成本高,装配效率高,因此要求其工装具备足够的柔性,以适应不同机型,以及同一机型不同零件(如中机身顶部壁板、中机身左右侧上壁板等)。

在考虑以上技术问题的基础上,针对典型的自动化制孔系统应用下面举几个常见的进行分析。

4.5.1 基于工业机械臂的自动化制孔系统应用分析

优势：

(1) 采用通用机器臂,开发和部署较快,成本相对低。

(2) 柔性较好,适应各种工况。

弱点：

(1) 刚性较差,须特殊精度补偿机制才能较好地用于飞机装配。

(2) 工作范围相对较小,且一般需要特定第 6 轴轨道系统。

应用建议：适用于部件装配,如机翼、尾翼等翼面类部件装配(见图 4 - 21);以及机身部段壁板拼接(见图 4 - 22)、框角片连接(见图 4 - 23)等装配。

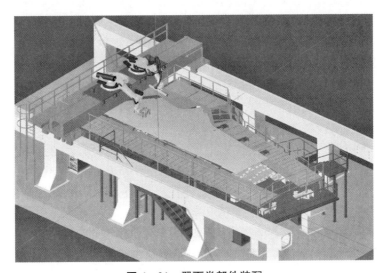

图 4 - 21　翼面类部件装配

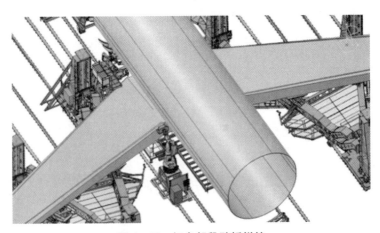

图 4 - 22　机身部段壁板拼接

图 4 - 23　框角片连接系统

4.5.2　基于柔性轨道的自动化制孔系统应用分析

优势：

(1) 工作范围较大,结构相对简单。

(2) 负载大,刚性好。

弱点：

(1) 需专用轨道铺放工装,工作装备时间相对较长。

(2) 只适合在飞机表面工作,对飞机表面开敞性要求高,工装不能与轨道干涉。

应用建议：适用于大部件表面拼接和对接,如机身筒段对接、机翼表面制孔、壁板拼接等。

EI 的柔性轨道系统广泛地用于波音公司的客机和军机的装配中,如机身对接(见图 4 - 24)、蒙皮对缝(见图 4 - 25)、门框以及机翼前后缘的制孔。目前在世界范围内使用的 EI 的柔性轨道制孔设备累积已经有 50 套以上。

4.5.3　自主移动式自动化制孔系统

优势：

(1) 工作范围较大,结构刚性好,重量轻。

(2) 工作准备时间短,实施周期短。

(3) 柔性好。

(4) 采购成本和运行成本低,可在现有的装配型架上使用,不需要特别的工装,对型架的影响和改动最小化。

图 4 - 24　机身对接

图 4 - 25　蒙皮对缝

弱点：

(1) 开发难度大。

(2) 只适合在飞机表面工作。

应用建议：适用于大部件表面拼接和对接，如机身筒段对接、机翼表面制孔、壁板拼接等。

4.5.4　立柱式制孔系统

精度效率：半月形制孔系统(见图 4－26)效率更高、不易损伤蒙皮、精度往往也好一些。

柔性：自主移动制孔系统最好，柔性轨道次之，半月形制孔系统最差。

应用成熟：柔性轨道和半月形制孔系统得到应用验证，自主移动制孔系统刚开始用。

价格成本：半月形制孔系统最贵，其他的差不多。

EADS CASA 公司在 A400 中采用了德国宝捷自动化公司研制的这种半月形立柱式自动制孔系统。

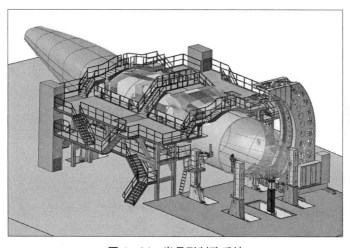

图 4－26　半月形制孔系统

4.5.5　小结

在部件集成装配方面，如机身筒段装配、机翼装配等，自动化制孔装配工艺应用更为普遍，这主要是开敞性决定了实现自动化制孔连接难度较大。采用的设备以轻型自动化制孔系统为主，主要有工业机械臂、柔性轨道、爬行机器人和立柱式专用机器人。对于工作范围较大的部件如机身筒段装配，柔性轨道和爬行机器人更有优势，对于工作范围较小的部件或装配位置如翼面类部件装配，工业机械臂由于成本和实施周期的优势更为常用。

在机身对接方面,自动化制孔装配工艺应用更为普遍,设备主要有柔性轨道、爬行机器人、半月形环铆设备。

在翼身对接方面,由于其装配孔较大,工作位置很不开敞,一般采用自动化制孔工艺或局部自动化制孔工艺,采用的设备主要为工业机器人或者自动进给钻。

不同自动化装配工艺的应用场合、设备、工艺参数往往是不同的,例如自动化制孔工艺往往采用单向压紧的制孔方式,而自动化制孔连接(自动钻铆)工艺则采用双向压紧的制孔方式。在应用这些自动化装配工艺时,要密切关注这些技术、方法和参数的差异,确定合理的工艺,包括装配顺序、制孔路径规划、压紧力等。

考虑目前的技术水平和实施成本,大型客机装配可采用的自动化装配工艺和设备如图4-27所示。

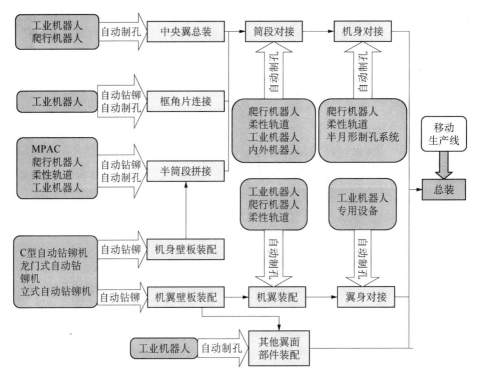

图4-27　大型客机装配可采用的自动化装配工艺和设备

飞机自动化装配工艺是对整个设计思想、工艺、装备、工装的一次革命性的飞跃。不同自动化装配工艺的流程、设备和工艺参数都有不同,实施时应根据装配质量、效率和成本进行考虑。根据国内产品的特点和产量,国内应用自动化装配系统,不能片面强调过高的自动化程度。按照"二八"原则,即80%的工作可以由20%成本的自动化设备达到,而剩余20%的工作如自动化装配可能要提高80%的成本。因此考虑当前国内民用飞机的生产技术和产量,应集中以20%成本的自动化设备解

决 80% 的自动化装配工作,并适度考虑进一步采用自动化技术的可扩展性。

参考文献

[1] 王珉,陈文亮,张得礼,等.飞机轻型自动化制孔系统及关键技术[J].航空制造技术,2012,(19):40-43.

[2] 林琳,夏雨丰.民用飞机装配自动制孔设备探讨[J].航空制造技术,2011(22):86-89.

[3] 邓峰.采用标准关节机器人系统对飞机货舱门结构的自动钻铆[J].航空制造技术,2010(19):32-35.

[4] 邓锋.VPAC—碳纤维结构件制孔和安装环槽钉的自动化解决方案[J].航空制造技术,2010(14):94-96.

[5] 周万勇,邹方,薛贵军,等.飞机翼面类部件柔性装配五坐标自动制孔设备的研制[J].航空制造技术,2010(2):44-46.

[6] 张平,李少波,杨启兵.壁板类部件/组件/零件数字化柔性装配、智能制孔系统[J].航空制造技术,2010(23):73-78.

[7] 杜宝瑞,冯子明,姚艳彬,等.用于飞机部件自动制孔的机器人制孔系统[J].航空制造技术,2010(2):47-50.

[8] 王建,刘浩,田威.面向飞机自动化装配的制孔末端执行器的设计[J].南京航空航天大学学报,2012,44(S):19-22.

[9] Boeing co. Flexible track drilling machine [P]. US:6,843,328,January 18,2005.

[10] 侯志霞,刘建东,薛贵军,等.柔性导轨自动制孔设备控制技术[J].航空制造技术,2009(24):58-64.

[11] 林美安,陈文亮,王珉.柔性轨道自动化制孔系统的仿真研究[J].机械制造,2010,48(548):14-16.

[12] 黄大兴,王珉,陈文亮,等.飞机装配自主移动式自动制孔系统机构设计[J].南京航空航天大学学报,2012,44(S):22-26.

[13] 王珉,曾长,陈文亮,等.一种用于飞机装配的八足并联自主移动机构.机械工程学报,2013,49(15):49-54.

[14] 张得礼,陈文亮,王珉.飞机制孔爬行机器人的位姿调节研究[J].航空制造技术,2014,(3):74-77.

[15] 王珉,薛少丁,陈文亮,等.面向飞机自动化装配的单向压紧制孔毛刺控制技术[J].航空制造技术,2011(9):26-29.

[16] 王珉,薛少丁,蒋红宇,等.飞机大部件对接自动化制孔单向压紧力分析[J].南京航空航天大学学报,2012,44(4):553-558.

[17] 徐溶蔚,王珉,陈文亮.基于响应面法的单向压紧制孔工艺参数优化[J].航空制造技术,2014,(10):68-71.

[18] 曲巍崴,董辉跃,柯映林.机器人辅助飞机装配制孔中位姿精度补偿技术[J].航空学报,2011,32(10):1951-1959.

[19] 周炜,廖文和,田威,等.面向飞机自动化装配的机器人空间网格精度补偿方法研究[J].中国机械工程,2012,23(19):2306-2311.

5 自动钻铆系统

5.1 概述

5.1.1 自动钻铆机及其技术概念

自动钻铆系统就是由自动钻铆机为核心组成的可以实现对飞机结构进行自动化装配(主要是铆接)的技术装备或者系统,主要包括自动钻铆主机和托架。其中可以对每一个铆钉实现自动化铆接的加工头部分,称为主机;装夹定位加工对象(组件),并准确地把需要机器铆接的点位送到主机的加工部位,以实现连续铆接的机械装置,称为托架。而利用自动钻铆单元或系统加工产品的技术通常称为自动钻铆技术。

5.1.2 自动钻铆机及其技术经历的发展阶段

世界上第一台自动钻铆机 1940 年诞生于美国 GEMCOR 公司,是一个名叫托马斯·斯佩勒(Thomas H Speller)的德裔美国人发明的,至今已有七十多年的历史,仅 GEMCOR 公司一家就已经生产交付了超过二千多台套的各种自动钻铆机,用于全球各个主要飞机制造供应商的将近 100 种型号的飞机装配。波音公司的主要供应商美国沃特(VOUGHT)公司是世界上最重要的飞机部件承制商,仅此一家就有超过十几台套的自动钻铆机用于各种飞机结构组件的铆接装配;而巴西安博威公司创建于 1969 年,是世界上 130 座级以下,和唯一全系列公务机的最大制造商,仅机身部件装配就集中了 6 台套以上的全数控自动钻铆系统,用于各种机身的结构装配,年产累计达到 300 架份的各类机身结构部件,自动钻铆机的应用能力和水平尤为突出。从 20 世纪 90 年代中后期开始,随着数字化制造技术在飞机制造尤其是民用飞机制造领域的应用不断深入,进入 21 世纪以后自动钻铆技术的应用与发展非常迅速,特别是最近几年,通过把自动钻铆技术和数字化柔性装配技术融合在一起,取长补短,成为一种突破并实现飞机铆接自动化、智能化的手段,并且已经成为飞机装配的关键装备和核心技术。

　　传统的飞机手工铆接装配就是把烦琐的、重复性劳动通过对人的训练和反复实践来让人完成和胜任,而这种手工作业模式其实并非人的优势和长处(人有生理机能和心理机能的许多局限性),自动钻铆机就是对这种生产作业模式的变革和创新,通过人的智慧来驾驭机器,代替人工去完成铆接装配工作,解放了人的双手,使人的主观能动性得到更大的发挥。现代自动钻铆机都具备 CNC 数控和远程通信交互能力,不仅具备自动化、智能化、网络化,而且噪声低,系统界面友好,因此,数控自动钻铆机是实现数字化制造的关键装备。

　　尽管自动钻铆机从发明问世至今已经有七十多年了,无论是技术装备本身还是这种装备的应用技术也已经过了许多发展阶段,从应用的角度可以归纳为以下几个发展阶段。

5.1.2.1　简单起步应用阶段(见图 5-1)

　　仅仅对一些简单的平面类结构的有限应用,应用的层次和水平相对较低,设备本身的技术能力也相对单一有限,更多的是代替人工完成一些简单的铆接工作,主要加工区域也基本上是飞机的一些大梁、板框、翼肋等内部结构。

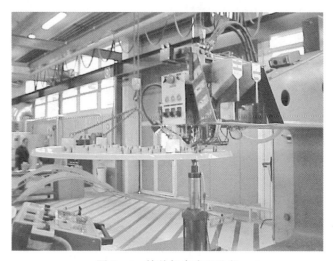

图 5-1　简单起步应用阶段

5.1.2.2　单台独立应用阶段(见图 5-2)

　　通过单台(套)对某一类型的结构组件进行自动钻铆,这个时候的设备不仅有包含加工头的主机,同时也包括了支撑装夹和定位组件的机械运动装置。这个阶段是自动钻铆机应用普及并发展成为机械化、自动化铆接关键技术装备的最重要阶段。这个阶段经历的时间最长,涉及面最广,基本上就是奠定重要基础的阶段,但本质上只是传统飞机装配的延伸。这个阶段的主要特征就是采用自动钻铆机对机身和机翼等具有飞机气动外形要求的结构组件的机械化铆接,不仅代替人工完成铆接工序,而且铆接工效和质量相比手工铆接大幅提高。

图 5-2　单台独立应用阶段

5.1.2.3　多台集群应用阶段(见图 5-3)

通过多台(套)组合集成在一起对某一类型的结构组件甚至部件进行成组自动钻铆,不仅可以提高机铆率,而且可以极大地提高生产效率,是对自动钻铆机及其应用技术的优化和提升,而且专业化水平和能力已经全面超越了传统的飞机装配,尤其是在产量非常巨大、交付周期紧迫,客户要求越来越严苛的民用飞机制造行业。这个阶段标志着应用技术不再是唯一简单依赖于装备技术本身,而是更加重视使用效率和可靠性、稳定性,是自动钻铆机成为飞机装配的关键核心技术装备的发展阶段;有许多机型飞机机身和机翼的装配生产线都是围绕自动钻铆的集群和组合应用而建立起来的,如波音 B777 飞机机翼壁板的装配线采用 8+1 的模式建立自动钻铆生产线,所有装配都围绕这个生产单元来组织和展开。当然,还有美国势必锐公司(SPIRIT)和巴西安博威公司的飞机机身桶段生产线。

(a)

(b)

图 5‑3　多台集群应用阶段

(a) 机翼的应用　　(b) 机身的应用

5.1.2.4　系统集成应用阶段(见图 5‑4)

按照飞机自动化装配生产线设计理念,自动钻铆机仅仅是构成一条自动装配生产线其中某个单元,整个飞机装配是一个高度集成和多任务协调统一的柔性装配系统,这是目前发展最快的应用方式,也是利用数字化制造技术来实现飞机装配的智能化、柔性化和敏捷化的主要手段。这个阶段是飞机装配技术的真正全面转型,也是基于全三维数字化制造技术在飞机装配的创新拓展和高端应用。

图 5‑4　系统集成应用阶段

需要强调说明的是，这四个阶段是个跨越式的逐步提升递进的过程，并非取缔淘汰的发展过程，即使是现在，对于一个刚刚开始涉足自动钻铆机使用的企业，可能就需要从简单起步应用阶段开始逐步深入，而对于一个应用较高的制造企业，基于成本和技术经济性的考虑，可能应多个应用阶段并存，形成高低合理搭配，满足不同结构特点的产品装配需求。

5.2　自动钻铆技术的基本原理

飞机结构的铆接是飞机装配的最重要的连接形式，是通过铆钉把飞机零件装配在一起形成各种飞机的主体结构，而铆钉的铆接是一种通过对铆钉的钉杆进行镦粗使之形成镦头，把零件连接在一起的工艺方法，是一种永久性的不可卸连接。

5.2.1　飞机铆接装配的典型工艺流程

铆接工艺是飞机装配常见的装配工艺，包含以下三要素：

要素一：相互位置关系，也就是定位尺寸；

要素二：相互连接关系，也就是采用什么连接件；

要素三：相互配合关系，也就是孔径及配合精度。

因此，可以把飞机铆接的典型工艺流程定义如下：

（1）零件检查核实：对参加装配铆接的各项零件进行图号、版次、合格证明文件或者质量记录文件进行检查、核对和确认。

（2）零件定位：通过各种定位方法确定需要装配铆接的零件之间的相对位置，并预制一定数量的定位初孔把零件之间正确的相对位置关系确定下来。

（3）排孔布局：利用人工划线描点、专用工艺装备、零件事先预制导孔等工艺方法把需要装配铆接的点位布局出来。

（4）钻孔：通过钻孔工具、刀具或者一些钻孔设备钻出布局好的铆钉孔，根据孔径的大小和精度要求，可以采用分步钻孔，也可以采用复合刀具一次完成。

（5）分解去毛刺：分解参与装配制孔的所有零件，采用人工的办法去除各层零件之间的孔周边的毛刺。这个过程是手工制孔和铆接所必需的步骤，这是由于手工钻孔时连接孔所穿过的多层零件之间由于不可能完全贴紧必然存在孔边毛刺，另外手工制孔时的工艺参数无法稳定可靠地固化，因此，必然存在夹层间的孔边毛刺。

（6）涂胶密封：如果结构有密封要求，进行贴合面清理后涂胶密封（通常在便于作业的较小零件的配合面进行施胶即可）；如果没有密封要求，这个过程可以省略。

（7）装配铆接：如果配合面有密封要求，应该在密封胶规定的有效装配周期内完成铆接，或者通过工艺紧固件（比如穿心夹、工艺螺栓等）临时连接直到密封胶初步固化达到不粘状态后，再进行正常的铆接装配。另外，根据结构特性不同，可能有些铆接必须采用湿式装配（钉头贴合面涂有密封胶的铆接）。

（8）检查排故：依据铆接的工艺规范对完成铆接的结构进行检查，人工对不合格的铆钉进行拆除，重新安装新的铆钉直至满足规范要求。

以上是飞机铆接装配的典型工艺流程，以前传统的手工铆接是完全用人工来完成的，因此，效率比较低，作业劳动强度很大，而且安装铆钉时通常必须要二个人才能完成。随着飞机铆接装配技术的发展，流程当中的一部分过程可以采用机械化、自动化来代替手工完成，这就是自动钻铆技术发展的内在动因。

5.2.2 自动钻铆机的加工原理

手工铆接之所以效率低、比较慢，除了人力自身的条件限制外，最大的局限其实就是钻孔和铆接这两个核心步骤无法连续进行，必须分步完成，根本原因就是零件之间钻完孔后，夹层之间的孔周边消除不了毛刺，夹层间也无法避免铝屑渗入。因为在进行钻孔时，孔周边是无法紧密地贴紧的，当钻穿上层零件时，下层零件会受到进给力的影响无法起到稳定支撑的作用，夹层间铝屑避免不了，孔周边毛刺必然存在，而且零件刚性越差，毛刺和铝屑越严重。

克服和解决这个人工铆接不足之处的关键方法，就是应用自动钻铆机及其技术。自动钻铆机基本原理就是通过机械化、自动化的办法，把要铆接的点位周边一定范围的零件连接面或接触面紧密压贴，确保不会分离并稳定可靠地固定在一定的基准加工面上，然后由机器一次完成钻孔、注胶（如有湿安装要求）、插钉和铆接，通

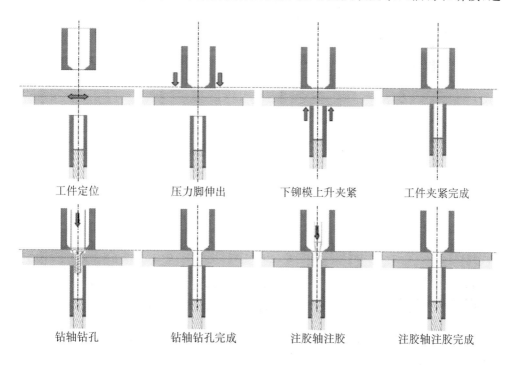

工件定位　　　　　压力脚伸出　　　　下铆模上升夹紧　　　工件夹紧完成

钻轴钻孔　　　　　钻轴钻孔完成　　　　注胶轴注胶　　　　注胶轴注胶完成

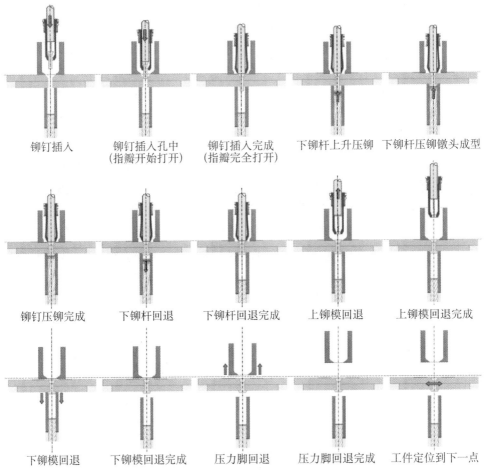

铰钉插入　　　铆钉插入孔中　　铆钉插入完成　　下铆杆上升压铆　下铆杆压铆镦头成型
　　　　　　　（指瓣开始打开）　（指瓣完全打开）

铆钉压铆完成　　下铆杆回退　　下铆杆回退完成　　上铆模回退　　上铆模回退完成

下铆模回退　　下铆模回退完成　　压力脚回退　　压力脚回退完成　工件定位到下一点

图 5 - 5　自动钻铆机的加工原理

过这样一个循环完成一个铆钉的铆接;通过专门的定位和移动产品的装置和或者工装,使铆钉可以按照这样的循环依次完成,直至完成产品组件的铆接,这就是自动钻铆机的加工原理(见图 5 - 5)。

5.3　自动钻铆系统的组成

根据 5.2.1 节所介绍的飞机铆接装配的典型工艺流程来看,自动钻铆系统(见图 5 - 6)就是由自动钻铆机为核心所组成的一整套机器系统,它可以代替人工来完成孔位布置、钻孔和锪窝、窝内注胶、送钉和插钉、铆钉挤压成型、钉头铣切(主要是无头钉)等,甚至具有数控或柔性工装夹持装置的复杂设备还具备自动调整零件定位和自动补偿适应的功能。

自动钻铆系统可以大体分成三大部分:自动钻铆机,通常称为主机,是系统的加工头部分;托架,是支撑和装夹产品或者工装的床台部分;其他各种辅助设施部分,包括送钉装置,刀具和上铆砧更换装置,注胶装置,铝屑吹吸装置,刀具润滑装置,探测保护装置(包括刀具断裂保护、缺钉和斜钉保护、边距跟踪保护、系统预热不足保护,铆钉长度与夹层厚度不匹配的保护等),视频监控装置(可以根据需要布置各个角度不同位置的摄像头进行过程观察),操作台和各种安全护栏装置,架外专门进行钉匣(主要用于弹匣式送钉装置)铆钉装载的填钉站,以及可以接入网络进行联网或远程通信的一些特殊装置等,这些辅助设施是确保自动钻铆系统安全、可靠、高效地运行和使用维护必不可少的装置。

(a)　　　　　　　　　　　　　　　　(b)

图 5‐6　一个完整的自动钻铆系统

(a) 正在调试的系统　(b) 正在工作的系统

5.3.1　自动钻铆机

在自动钻铆系统里,自动钻铆机是核心,所以通常被称为主机(见图 5‐7)。在

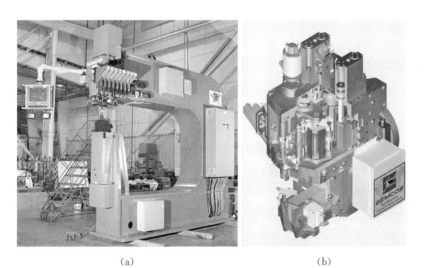

(a)　　　　　　　　　　　　　　　　(b)

图 5‐7　自动钻铆系统的主机部分

(a) 最通用的主机　(b) 以机器人为平台的微型特种主机

简单应用阶段和单台独立应用阶段,主机几乎是决定性的,除了加工头外,甚至很多辅助设施都直接设计成主机的标准配置。主机最重要的功能就是通过实现一定的加工循环完成每一个铆钉的铆接装配,铆接质量的好坏,铆接结构的强度和疲劳性能都是由主机决定的。正是由于自动钻铆机的加工特性是把钻孔和铆接一体化,因此中间的过程是无法进行量化检查,所以很多飞机制造商都把自动钻铆作为一种特殊工艺过程来加以控制,需要对主机的工艺特性和持续稳定性进行评审,设备取得工艺批准认证后才能用于具体产品的自动钻铆。

主机是完成每一颗铆钉铆接所必需的加工循环过程的主体,是整个系统的核心,主机的构成通常包括床身、上工作头、下工作头、电器和控制系统、机器操作台、随机专用工具,以及其他一些辅助功能设施或者装置,比如工作照明装置、摄像监控装置、自带的送钉装置和注胶装置、吹吸屑装置,刀具润滑和机器的润滑系统,以及各种探测监控报警装置等。

根据前面铆接装配典型工艺流程和自动钻铆机加工原理的介绍,自动钻铆机之所以能够实现钻孔、注胶、插钉、铆接,甚至钉头铣切,一个重要的技术手段就是在进行每一个铆钉的加工循环时,夹层间的零件是在同一基准面上被上、下工作头(也有称为主、副工作头)稳固夹紧的,这个固定的基准面被称为机器的工作线,所有加工参数的调整和优化都必须依据工作线作为唯一基准来设定,包括每次机器重新启动后首先就需要用标准块进行检查和标定,确保机器的工作线是恒定和统一的。

因此,自动钻铆机完成每一颗铆钉的加工铆接,完整的典型循环周期如下。

(1)加工点位零件夹紧:通过上工作头的压力脚和下工作头的专用铆砧施加一定的夹紧力,确保加工过程零件之间没有间隙,加工时基准面稳定不变。

(2)钻孔工位对加工点位钻孔及锪窝:通过整体专用复合刀具一次完成钻孔和锪窝,如果是凸头铆钉,调整进给深度,使之不进行锪窝。

(3)注胶装置触发对孔边或者窝内进行点胶:只有需要湿安装才启动这个动作,过去一些老式的机器也有把注胶装置设计成一个独立工位来控制。

(4)铆接工位抓住铆钉并插入孔里使之稳固贴合:通过特殊专用的上铆砧抓好铆钉,稳定地插入孔里,使钉头紧密切合连接孔(窝)。

(5)同一个铆接工位进行铆接:通过下铆砧的心杆上升加力对铆钉的钉杆进行镦粗成型,形成镦头。

(6)铣切工位进行钉头铣切:只有无头钉或者一些有特殊要求的铆钉才允许铣切,目的是确保蒙皮气动表面的阶差要求。

(7)夹紧松开返回起始位置:一个铆钉铆接完成后,组件需要移动位置,准备进行下一个铆钉的加工循环。

主机的加工头(见图5-8)为了完成一个完整的铆接加工循环,需要设置几个工位的驱动轴,最基本的是钻孔和铆接两个工位,如果还需要钉头铣切,再加一个铣切的工位。工位越多,机器结构越复杂,加工的循环周期也就越长。老式的设计也有把注胶单独设置成一个工位的,由于注胶并非所有铆接都需要,因此,设计成单独注胶工位不仅增加成本,使用维护还不方便,更重要的是延长循环周期,降低机器的加工效率。正因为主机的加工头是个多工位的单元,因此,工位的递进和切换方式必然有很多种形式,目前比较常用的结构是往复(直线)循环递进的方式,其次还有钟摆循环递进的方式,圆盘回旋递进的方式,以及凸轮翻板递进的方式等。工位切换递进的方式随着技术的发展,今后还会出现更加精巧的方式。一般说来,工位切换除了铆钉本身铆接的需要外,更多的是要考虑加工完成一个组件所涉及的铆钉品种,以及需要更换的专用刀具和工具的数量。

(a)　　　　　　　　　　　　(b)

图 5‐8　主机的加工头

(a) 往复式　(b) 回旋式

5.3.2　托架

托架是自动钻铆系统中用来支撑、装夹、定位和移动产品组件工装或者组件本身的一整套技术装备,如图 5‐9 所示。托架最主要的作用就是作为机器的工作台面,是用来装夹、定位和移动产品工装和产品本身。根据驱动托架运动的形式和技术含量,通常可以把托架分成以下几类。

(1) 全手动托架:完全依靠人力来驱动托架,定位也利用人的眼睛(可以通过摄像头和屏幕)来判断,然后再操作踏板或者手柄控制主机启动加工循环。这种托架非常简单原始,成本也低,完全依靠操作者的技能和体能,不需要装任何伺服电机,甚至连滑动轨道或者机构都没有,因此,效率也很低,操作者劳动强度也很大。

(2) 简易托架:部分驱动依靠机构或者机械的手段来进行,尤其是当产品重量

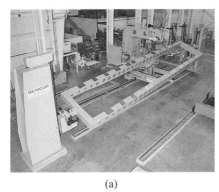 

(a)   (b)

图 5‒9　自动钻铆系统的托架部分

（a）工装定位是固定的　（b）工装定位宽度可调

或者尺寸已经无法完全依靠人力来驱动的时候，比如在某些运动坐标的驱动上采用电机拖动，甚至可以采用步进电机配合人力进行随动，提高加工的效率，减轻操作者的劳动强度。这种托架也有把它归入手动托架，我个人倾向于称为简易托架，主要是它比手动托架增加了一些技术含量，其点位判断和法向判断仍然主要依靠操作者的眼睛。

（3）半自动托架：某些驱动已经采用伺服电机，具有法向探测和找正的功能，在个别运动坐标上可以采用简单编程或者自动步进的办法实现加工点位的自动更换和跟进。这一类型的托架已经具备一定的专业技术含量，突出的标志就是具备法向调整，以及独立坐标的移动控制，因此，半自动托架不仅加工效率明显比前二种托架高很多，操作者的劳动负荷也减轻不少，稳定性可靠性也有很大改善，其造价或者使用维护成本也会高一些。

（4）全自动托架：驱动托架的所有运动坐标都是采用伺服电机来完成的，托架的运动控制采用多轴数控系统，具有自动法向调整找正功能，整个托架围绕固定不动的主机进行运动、定位和移动控制。加工产品可以采用数控编程，也可以采用实际产品在线示教获取加工点位的坐标来生成加工程序，自动化程度非常高，加工效率和稳定性、可靠性非常高，托架的技术含量远远超过前面几种托架。这类托架制造成本也很高，使用维护的成本更高。

（5）全数控（柔性）自动托架：该类托架最突出的特点就是把主机和自动托架完全集成在一起进行多轴数控，整个系统完全构成一个专业化的加工中心，具有统一的坐标系，主机不再是固定的，而是与托架一起集成互动。产品的加工不仅是完全数控程编，而且是全数字化的，可以进行离线编程和仿真验证。更复杂的全数控自动托架甚至带有柔性的零件装夹定位系统，把产品工装的大部分功能也集成起来，可以对不同尺寸的零件进行自适应调整定位和装夹，减少或者简化专用工装。世界上最复杂的自动钻铆系统所控制的运动轴数量已经超过了 12 轴。

5.3.3　辅助装置或设施

　　自动钻铆系统是高度复杂和专业化的技术装备,集合了各种专业技术的机电一体化系统。由于现在的技术装备很多都采用了模块化设计制造,所以,自动钻铆系统也是标配与客户化定制结合的模式,因此辅助装置或者系统更多反映是客户的选择与定制,比如,摄像头的布置可能主机上的标配只有上下两个角度最多四个,但用户往往出于自己的客观需要可能会再增加压力脚衬套内观察点位加工过程的细节,以及托架移动与主机工作头之间逼近状态的观察等,就会增加摄像头和操作台的观察屏幕,这个时候视频观察监控系统就会成为一个定制化的辅助系统。所以,有些辅助装置也有的是主机本身的标配,有些可能就是用户的定制,还有些本身就是自动钻铆系统作为辅助装置或者设施存在的。

　　因此,辅助装置包括以下三种类型:

　　(1) 作为主机标配功能的扩充和升级,如送钉装置(习惯称系统)(见图 5 - 10),视频监控装置(见图 5 - 11),地面操作中心(台)(见图 5 - 12),铆钉探测装置(见图

(a)　　　　　　　　　　　　　　　　　(b)

图 5 - 10　送钉装置

(a) 弹匣式　(b) 震动碗式

(a)　　　　　　　　　　　　　　　(b)

图 5 - 11　视频监控装置

(a) 在操作台上的观察屏幕　(b) 装在下工作头的摄像头

5-13),注胶装置(见图5-14和图5-15),上工作头刀库及自动更换装置(见图5-16),钻头清洁润滑装置(见图5-17),铝屑吹吸收集装置(见图5-18),用于具体铆钉的专用工具(刀具、上下铆砧)(见图5-19)等。

(a)　　　　　　　　　　　　　　　(b)

图5-12　地面操作中心(台)

(a) 操作台全貌　(b) 操作面板局部

(a)　　　　　　　　　　　　　　　(b)

图5-13　铆钉探测装置

(a) 探测钉爪　(b) 探测送钉线路末端的适配器和推钉器

(a)　　　　　　　　　　　　　　　(b)

图5-14　密封胶注胶装置

(a) 前视状态　(b) 侧视状态

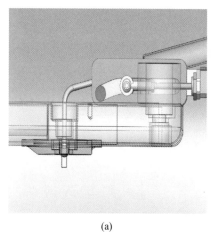

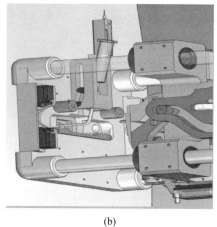

(a)   (b)

图 5 - 15　密封胶注胶器

（a）深入铆钉窝注胶　（b）注胶器安装位置

（a）   （b）

图 5 - 16　上工作头刀库及自动更换装置

（a）仰视角度　（b）平视角度

（a）   （b）

图 5 - 17　钻头清洁润滑装置

（a）侧视状态　（b）前视状态

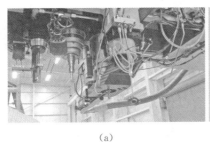

(a) 　　　　　　　　　　　　　　　(b)

图 5‑18　铝屑吹吸收集装置

(a) 安装在压力脚衬套旁边的吸屑管　(b) 真空吸屑收集器

(a) 　　　　　　　　　　　　　　　(b)

图 5‑19　具体铆钉的专用工具

(a) 上铆砧　(b) 下铆砧

（2）系统本身使用维护需要配置的附属设施，比如防碰撞的安全探测保护装置，监控视频记录存储设施，外部气源清洁过滤装置，外部电源稳压保护装置，安全护栏及升降梯（见图 5‑20），与送钉系统配套的铆钉装载设施（填钉站）（见图 5‑21）等。

(a) 　　　　　　　　　　　　　　　(b)

图 5‑20　安全护栏及升降梯

(a) 黄色安全护栏　(b) 作业升降梯

(a)   (b)

图 5‑21　送钉系统配套的铆钉装载设施(填钉站)

(a) 多槽位填钉站　(b) 装载铆钉的钉匣

(3) 用户个性化需求的定制配套设施,如无线或者有线的网口和配套设施,设备检测和定检的成套专用工具(见图 5‑22),特殊的一些维修维护专用工具,针对具体产品的专用工装(见图 5‑23),操作者之间内部通信的设施,特殊的使用身份识别装置等。

(a)   (b)

图 5‑22　设备检测和定检的成套专用工具

(a) 用于上工作头　(b) 用于下工作头

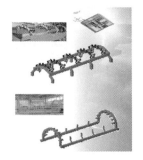

（a）　　　　　　　　　　　　　（b）

图 5‑23　针对具体产品的专用工装（托框夹具）

（a）使用现场　（b）工艺设计

5.4　自动钻铆机（系统）技术的发展及其趋势

5.4.1　主机的技术发展

自动钻铆机作为自动钻铆系统的主机，其发展方式呈现以下特点：

（1）基础结构样式。基于飞机的结构特点以及产品装夹定位的要求，主机的基础结构就是上下工作头或者主副工作头在机器床身构架的布置方式，分别有 C 型框架（见图 5‑24），双 C 型框架（见图 5‑25），D 型框架（见图 5‑26），环形框架（见图 5‑27），F 型框架（见图 5‑28），U 型框架（见图 5‑29），德国宝捷 IPAC（见图 5‑30），德国宝捷 MPAC（见图 5‑31），机器人夹持的末端执行器（见图 5‑32）等。

图 5‑24　C 型框架　　　　　　　　　图 5‑25　双 C 型框架

图 5‑26　D 型框架　　　　　　　　　图 5‑27　环形框架

图 5 – 28　F 型框架

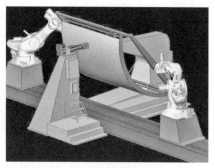

图 5 – 29　U 型框架

图 5 – 30　德国宝捷 IPAC

图 5 – 31　德国宝捷 MPAC

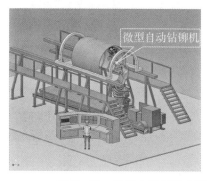

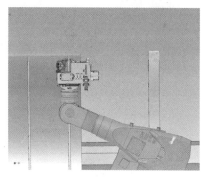

图 5 – 32　机器人夹持的末端执行器(一台微型自动钻铆机)

　　(2) 铆接驱动方式。基于铆接特性以及对成形力的控制要求,先后出现过气压式,液压式,全电动,电磁波铆接,等等。目前最普遍的铆接驱动方式是全电动。

　　(3) 工作头运动方式。基于设备的可靠性和加工效率,分别出现了曲柄往复运动式(见图 5 – 33),圆盘回旋运动式(见图 5 – 34),钟摆循环运动式(见图 5 – 35),凸轮翻板运动式(见图 5 – 36)等。

图 5 - 33 曲柄往复运动式

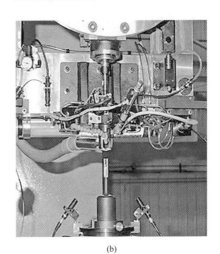

(a)   (b)

图 5 - 34 圆盘回旋运动式

（a）集成模块　（b）机器实体

（a）   （b）

图 5 - 35 钟摆循环运动式

（a）集成模块　（b）机器实体图片

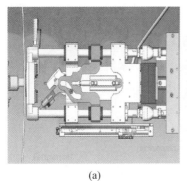 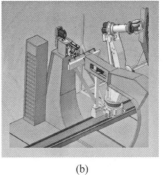

（a）　　　　　　　　　　　　　　　　（b）

图 5 - 36　凸轮翻板运动式

（a）设计结构示意图　（b）在机器上的应用

　（4）铆钉馈送方式。基于产品对象的铆钉类型和品种，分别有手动吹送，搅拌料斗送钉装置（见图 5 - 37），震动盘碗送钉装置（见图 5 - 38），弹匣堆栈送钉装置（见图 5 - 39）等。

（a）　　　　　　　　　　　　　　　　（b）

图 5 - 37　搅拌料斗送钉装置

（a）随机外挂方式　（b）独立配置方式

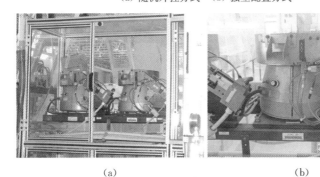

（a）　　　　　　　　　　　　　　　　（b）

图 5 - 38　震动盘碗送钉装置

（a）多个盘碗集成　（b）单个盘碗结构

(a)　　　　　　　　　　　　　(b)

图 5‑39　弹匣堆栈送钉装置

（a）集成堆栈正面　（b）集成堆栈背面

　　（5）机器操控方式。机械按钮（或者踏板）（见图 5‑40），操控手柄（有线或者无线）（见图 5‑41），人机交互界面（如同移动平板电脑，包括有线和无线的）（见图 5‑42），全自动 CNC 编程，实时示教在线编程等。

(a)　　　　　　　　　　　　　(b)

图 5‑40　机械按钮

（a）多功能机械按钮　（b）便携式操作手册

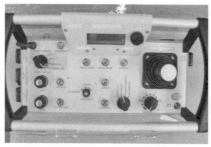
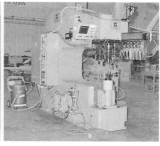

(a)　　　　　　　　　　　　　　　(b)

图 5-41　控制手柄

(a) 无线遥控手柄　(b) 最原始的机械踏板

(a)　　　　　　　　　　　　　　　(b)

图 5-42　人机交互界面

(a) 全自动 CNC 编程　(b) 移动 HIM

　　(6) 集成工具库及更换方式。基于加工效率和数控程编的要求,通常可以设置上工作头的工具库(包括刀具和上铆砧)(见图 5-43),因此就有简易工具库和集成工具库,也有自动更换和人工更换等。

(a)　　　　　　　　　　　　　　　(b)

图 5-43　机器上工作头集成工具库

(a) 宝捷机器工具库　(b) 捷姆科机器的工具库

5.4.2　托架的技术发展

托架是自动钻铆机不可缺少的组成部分,是装夹、支撑和定位组件并实现产品运动调姿的基础,相当于机器系统的台面,是整个机器系统能够连续可靠进行自动铆接的保障。托架的结构样式不同于主机,因此,托架的发展实质上就是体现在托架自身的技术含量上,因此,基本上和前面所描述的托架分类一致。另外,托架由于是直接驱动产品的移动和定位的,除了点位的坐标参数以外,最关键的就是法向矢量的控制,也就是加工的进给必须是沿着点位的法向精确加工,一般采用如图 5 - 44 所示装置定位。衡量和评判一种托架的技术水平,除了运动的精度外,最重要的依据便是自动法向调整的灵敏度和精度。

（a）　　　　　　　　　　　　　　　　（b）

图 5 - 44　四个法向探测装置

（a）GEMCOR 的机器　（b）EI 的机器

（1）全手动/简易托架阶段(见图 5 - 45 和图 5 - 46)。最原始的简单装置,完全依靠人工来手动操作。虽然分类上可以作为两种不同的托架,但它们的出现其实基本上是同步的,所以,也有把它们统称为全手动托架,或者直接成为手动托架。

图 5 - 45　全手动托架　　　　　　　　　　**图 5 - 46　简易托架**

（2）半自动托架（见图 5-47）。仍然主要还是以手工操作为主，但是在有限的运动范围和方向可以实现一定程度的自动化，如自动步进，或者沿某个特定坐标方向可以自动移位。

（3）全自动托架（见图 5-48）。以主机固定不动作为中心，托架围绕主机进行运行。因此，它完全具备程编的功能，可以利用数控技术实现产品的五坐标联动，但是装夹产品的工装是专用的，不同的产品需要配置不同的装夹工装，并且在调试机器时确定好基准，然后依靠程编实现自动连续的装配加工。也可以通过产品在现场进行点位的示教采样，然后，生成有针对性的碎片加工程序来进行铆接加工。

图 5-47　半制动托架　　　　　　　图 5-48　全自动托架

（4）全数控（柔性）自动托架（见图 5-49 和图 5-50）。完全是基于全三维数字化平台技术的全自动集成托架，装夹产品的工装已经是柔性工装系统，并且在一定范围可以自动变换以适应不同组件的装夹和定位，并通过自动监测系统进行过程补偿和调整，采用更加复杂的多轴数控系统实现自动装配加工。

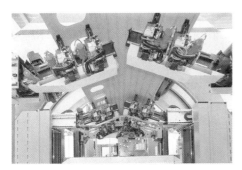 

图 5-49　全数控（柔性）自动托架　　　图 5-50　全数控自动托架

5.4.3　机器支撑（安装）平台和配置方式的发展

主机与托架组合虽然是一套典型的自动钻铆机的完整配置，但是机器的安装平台，甚至组合配置的方式却随着应用技术不断地发展，尤其是数字化柔性装配技术的应用不断成熟和深入，这势必带来机器在使用能力和适应环境方面的许多演变。

（1）以地面刚性固定，机器不能运动（见图5-51）。这种安装配置方式是早期最常见的，因为在简单起步和单台独立应用阶段基本上是以围绕主机来进行配置的，所以，这种安装配置方式非常契合当初的技术水平。

（2）以地面精确轨道连接，机器按需精确线性运动（见图5-52）。这是CNC数控技术发展以后的必然结果，因为主机的运动和托架的运动是一个完整的多轴数控体系，把主机用运动轴进行驱动可以让主机如同插上翅膀飞翔一样。

图5-51　机器直接在地面刚性固定　　　　图5-52　机器安装在精确轨道上运动

（3）以装配工装为平台集成安装，机器按需精确线性运动。自动钻铆系统的出现目的始终是代替人工完成钻孔和铆接，但是最大的不足就是在人工完成预装配后需要撤出装配工装才能移到自动钻铆机上进行自动钻铆，但是，随着产量增大和交付周期越来越短，就会出现解决方案的模式把装配工装和机器集成在一起（见图5-53），使生产效率最优化，技术经济效益最大化，竞争对手也难以模仿。

（4）以机器人为平台集成的特种机器，机器按需曲线运动。飞机的结构非常复杂，适合于自动钻铆机加工的始终只能是开敞性和工艺性比较适合的区域，对于一些比较复杂的区域或者内部一些典型结构，只有采用特定的技术手段才能解决。而随着机器人及智能制造就技术的发展，必然出现利用机器人平台作为平台来集成一些高度专业化的特种机器，去解决一些特殊结构的铆接需要。

（5）以柔性自适应轨道为平台集成，机器按需精确曲线运动（见图5-54）。随着飞机大部件对合大量采用柔性装配技术，实现了自动调姿对合，必然要求对合后的钻孔铆接也采用机械化自动化的办法，因此，也出现了柔性自适应轨道用来加工对合区连接结构，集成了特殊的自动钻铆功能，成为一种解决这类问题的有力手段。

（6）以柔性工装为平台集成，机器按需精确曲线运动（见图5-55）。这种方式

图 5‑53　机器直接与装配工装集成一体

图 5‑54　机器安装在柔性自适应轨道

和上一条基本上是异曲同工,只不过上一条直接在产品上找基准生根固定,而这一情况需要找地面专用的柔性工装或者专门改装特制一些工装,集成的可靠性更好,稳定性和精确性更优。

5.4.4　应用发展趋势

随着数字化制造技术的日益成熟和更加广泛的应用,自动钻铆系统的应用也出现了许多新的变化。有以下特点:

图 5‑55　机器与柔性工装集成一体

(1)以数字化制造技术为基础的集成应用。数字化制造技术给自动钻铆机注入了新的活力,是自动钻铆机应用更加广泛深入的助推器。

(2)以解决方案为模式的整合应用。解决方案是从关注产品到关注客户,从关注技术到关注服务的必然产物,通过装备技术与特定加工对象的全面整合,以为用户创造最大价值为导向,因此,能够非常完美地把通用的技术变成具有独特竞争优势的核心能力,使装备技术更加个性化。通过解决方案产生的自动钻铆机必然独具用户的特色,竞争对手也就无法模仿和复制。

(3)以使用高效为导向的成组集群应用。自动钻铆机是一种十分昂贵的设备,设备的投资和使用维护成本非常高,而且对使用人员和维护人员的要求也很高,如果单纯考虑技术的先进性和功能的复杂性,其投资的经济价值是不高的,因此,只有充分考虑机器的高效利用和合理搭配才能确保真正创造价值,尤其是对于民用飞机制造这样一种技术密集型而又竞争激烈的行业。

(4)以并行工程为特征的全程应用。随着民机研发模式和全球风险伙伴的出现,为了确保新机研制更加顺利,并能迅速有效地占领市场,很多自动钻铆机的供应商也紧跟用户的步伐,积极参与新机研制,甚至各个阶段的改型改制,与制造商一道全程跟踪并参与设备的应用,并从中获得更加有价值的信息,为装备技术的改进和技术研发、创新奠定重要的基础。

5.5 自动钻铆系统的应用工艺技术

自动钻铆系统是最典型的航空制造专用技术装备,目前这类设备完全是国外厂商垄断,行业界比较公认的专业性最突出的三大制造商,分别是美国的首创专利厂商 GEMCOR(捷姆科)公司,德国 BROTJE(宝捷)公司,以及美国的 ELECTROIMPACT(简称 EI)公司,前两家最擅长机身双曲度薄壁结构的自动钻铆,但技术路线和风格完全不同,各具特色,而 EI 公司由于是世界上电磁铆接的专利发明者,专注于大尺寸铆钉和超厚结构的自动钻铆,也就是机翼结构的自动钻铆。

随着装备制造业竞争的加剧,出现了两种截然不同的趋势:一种是柔性制造技术,突出"变化实现兼容"的制造理念,强调"以一对多"的融合性;另一种就是个性化定制技术,突出的是"面向特定用户的专业集成",强调的是"专有性"和独具特色的解决方案,竞争对手难以模仿。因此,传统的以自动钻铆机为核心的自动钻铆系统也在不断地发展,甚至转型,最有代表性就是把自动钻铆机与特殊的专业化生产线进行集成,自动钻铆系统只能构成其中的一个加工单元,突出的是产品对象高效率、快节奏、可变换,并且全流程无缝连接的生产形态。因此,进入 21 世纪以来又出现了以西班牙 M. TORRES 为代表的一些新兴的自动钻铆系统集成制造商,包括像西班牙的 SERRA AERONAUTICS 公司,法国的 ALEMA 公司,意大利的 BISIACH & CARRU(BC)公司和 COMAU AEROSPACE 公司,以及美国的 ADVANCED INTEGRATION TECHNOLOGY(AIT)公司,德国的 DURR(杜尔)公司和 MBB 公司等。当然,传统的三大厂商也在不断跟踪研发新的技术,促进自动钻铆系统的转型升级,积极参与或者组织、联合其他厂商共同参与一些飞机生产线项目的竞争。

就自动钻铆技术本身而言,经过了七十多年的发展和进步,应用工艺技术日臻成熟,这种装备本身的设计制造技术也是随着应用工艺的不断进步而更加完善,两者相辅相成,相互促进。

5.5.1 自动钻铆工艺设计

自动钻铆机无论是铆接质量和生产效率肯定远比手工作业要高很多,但这并非是绝对无条件的。因为飞机的结构非常复杂,有些地方结构设计的开敞性很差机器根本没有可达性,完全无法自动钻铆;有些地方结构设计的工艺性非常差,尽管机器可以加工,但是效率很低,甚至不如手工,而且机铆的技术风险很大,得不偿失;有些地方结构设计工艺性非常好,特别适合机铆,但是处于研制或者少量试生产阶段,无法保证机器连续高效地加工运行,等等。盲目地选择自动钻铆的加工方式,不仅不能提高效率,稳定质量,而且可能适得其反。因此,自动钻铆的工艺设计是必不可少的，就是要通过产品的结构分析和产能分析，合理地选择自动钻铆的工艺策略。

1）结构工艺性分析

就是分析判断结构设计是否有利于采用自动钻铆。

通常需要考虑：

（1）结构的开敞性足够提供机器上下工作头的可达性，并且连续加工的可达性也是可以保证。

（2）结构的夹层厚度和铆钉的直径变化应尽可能少，这样对于工具和铆钉的更换就会尽可能少，连续加工工艺性就会更好，机器的效率更加优异，而且机器稳定性无疑更加有保证。

（3）必须认真地分析出机器加工前的技术状态（交接界面）和加工后的技术状态（完工界面），这样才能清晰、准确地固化机器的运行状态，包括加工参数、程序模式、前后预处理要求、进出机器台面的手段等。机器运行过程中最怕人为地中断调整，不仅效率会大大降低，而且运行中发生故障的风险很大。

（4）是外蒙皮的铆接结构还是内部的结构，一般情况下最好把适合加工外蒙皮埋头铆钉的结构和适合加工内部凸头铆钉结构的机器分开使用；如果条件允许，最好也把适合机翼结构（铆钉直径大、长度长、弧度小）和机身结构（铆钉直径小、长度短、弧度大）的机器也能尽可能分开。

（5）拟加工组件的铆钉分布情况分析，重点突出比例最高的铆钉，依次类推确定工艺加工流程。

2）自动钻铆工艺评审

就是通过工艺试验和分析满足技术要求的能力和有效性，确立机器具备加工产品的许可资质。

世界上很多飞机制造供应商都有自己的工艺规范和标准体系，有些工艺由于是特种工艺或者涉及特殊过程，工艺方法和能力要经过用户的评审确认，因此也建立了工艺源（具备工艺资质的加工制造商）的控制。自动钻铆工艺由于是钻孔和铆接一次性完成，中间过程已经无法检查或者复现，所以，很多飞机制造商也把这种工艺作为特种工艺或者特殊过程来进行管理和控制，因此，自动钻铆机（系统）在投入具体产品加工前必须按照工艺规范的要求由最终用户或者专门的独立三方机构来进行工艺评审，对设备进行认证，发放工艺批准，才能用于加工具体涉及这些工艺规范的产品对象。

通常工艺评审的具体过程和方法，不同的飞机制造供应商是不同的。比如说，一台机器获得波音公司的批准，只能生产波音公司相应的产品，不能生产空客公司的产品。但工艺评审的着重点却基本上都一样，就是对主机（实质上就是加工头）进行满足工艺能力的有效性和持续性的评价和判断。目前有两种评审的思路或者理念，一种是以波音公司为代表的关注装备本身，另一种是以空客公司为代表的关注工艺结果，但不管是波音公司还是空客公司都要以具体产品（涉及的铆钉及零件材料)为基准,其他还有一些飞机制造商可能融合了两种的理念或者有所侧重。

既然工艺评审主要针对主机(加工头),因此,评价的思路就是选择等同于实际加工产品的铆钉,相同或者相近的具体产品的零件材料,通过一定数量的标准试板进行加工测试,测量验证结果,给出是否满足技术规范要求的评价意见,最后还要到生产商设备的安装加工现场进行现场审核,重点了解和审核工艺控制文件,机器的使用管理制度文件,质量体系相关文件及批准情况,工艺规程准备情况,人员培训取证情况等。试板测试和现场评审都满足要求了,才会发放工艺批准,授权自动钻铆工艺可以用于产品生产。因此,一台设备要满足不同体系的工艺规范要求,加工不同工程标准的航空产品,就必须分别取得各自对应的工艺许可资质。

5.5.2　自动钻铆系统的程编技术

严格地说,只有数控技术开始运用于自动钻铆系统才会有程编技术。早期的自动钻铆机由于托架的技术水平不太高,无法达到多轴运动控制,实现坐标联动。因此,完全程序化自动连续加工的基础根本不具备。正如前面说过的,自动钻铆系统的主机是实现每一颗铆钉的自动铆接(钻孔、注胶、插钉、镦粗),而托架是实现系统可以连续加工产品的定位馈送装置,因此,程编技术实质上就是控制主机与托架进行协调互动的加工指令编制技术,也就是把加工铆接所需要的工作头加工指令和托架找准点位的运动指令,按照合理有效的组合和步骤给予编排出来变成驱动机器的语言。

1) 不需要程编的人工对点加工

在早期的简单起步应用阶段,机器获得加工点位的信息不是自动化的,主要通过操作者的眼睛,借助在产品上事先标好的点位,机器为了给操作者提供更好地对点手段,通常会设置激光点或者带十字中心点的摄像头,操作者操控托架使产品的点位标记与激光点或者照相投影十字中心对准,然后启动主机加工头进行点位的自动钻铆;依次逐点进行,直到把所有标记的点位加工完。这种方法虽然很原始简陋,但比较简单易行,成本很低,操作者掌握起来也非常容易,因此在很多航空制造企业还始终沿用和保留。

2) 示教采样的仿点加工

依靠操作者人工对点来获得加工点位信息效率较低,而且操作者容易视觉疲劳,身心紧张疲惫。因此,随着托架技术水平的不断进步,又发展出了一次性把产品点位进行批处理的办法,也就是利用示教采样的手段把产品需要加工的点位集中批处理,以后产品的加工就利用机器进行仿点走位,类似于仿形加工。这种方法的关键是组件在托架上的准确定位,或者每一块产品组件应该具备至少第一点可以调整,把组件的定位误差消除,以后的加工点可以根据第一点的调整情况进行相应的自动补偿。这种方法一旦点位的数据通过示教采样即可固化参数,后面的加工基本上是自动化的,所以,这种方法准备时间比较长,过程当中的检查核对点位是关键。

示教采样的准备时间与点位信息的准确性是相关联的,准备时间越长越充分,点位信息的准确性才越高越有保证。

3) 样条模型的碎片程序加工

随着数控技术和数字化技术平台的不断发展,为了减少示教采样的准备时间,提高点位信息的精确性和可靠性,就需要通过一定的技术手段来克服仿点加工的不足,于是就出现了根据机器的性能和加工特性,把加工点位用样条数学模型来定义,比如加工蒙皮与长桁的铆接可以建立一种加工数学样条,而蒙皮与框缘(也有称为抗剪角片)也可以建立另一种加工样条模型,甚至把可以区分出是单曲度、双曲度和平面型的。在这种情况下,加工程序的编程实际上演变成为样条模型的选择和配对,系统就可以自动生成加工程序(指令)。对于一块完整的产品组件来说,可能就是各种样条模型的组合,因此每一项样条模型对于产品组件来说,就是一段碎片程序。

4) 虚拟仿真的离线编程

离线编程是现代航空制造基于全数字化定义(MBD)技术作为主流基础平台以后的必然结果。现在基本上所有自动钻铆系统都标配离线编程系统,有些是厂家自己或者联合其他厂家开发出来的,有些是直接选择独立的第三方专业软件作为自己的离线编程系统,这些离线编程系统基本上都是基于 CATIA V5(DELMIA V5)的平台进行适合自动钻铆特殊加工要求的二次开发,可以独立于机器以外(离线)在计算机里进行编程(见图 5 - 56),并对编制的程序进行虚拟仿真和验证,不再需要到机器上通过烦琐的实际加工来考核和验证加工程序,通过仿真可以很清楚地分析判断程序编制的加工流程是否合理,会不会存在碰撞或者其他不协调的问题,仿真的结果立刻就可以修改完善程序,极大地提高了编程的质量和有效性,实际到产品上进行加工基本上就变成进行程序的进一步优化,GEMCOR 机器的离线编程系统如图 5 - 57 所示,BROTJE 机器的离线编程系统如图 5 - 58 所示。

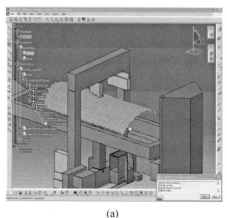
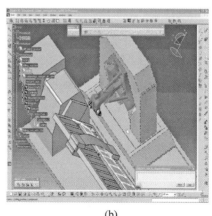

(a) (b)

图 5 - 56 运行 DELMIA V5 进行仿真和离线编程

(a)机身铆接 (b)机翼铆接

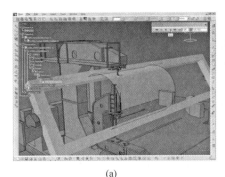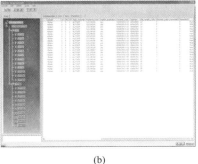

(a)　　　　　　　　　　　　　　　(b)

图 5 - 57　GEMCOR 机器的离线编程系统

(a) 仿真验证　(b) 自动生成加工程序

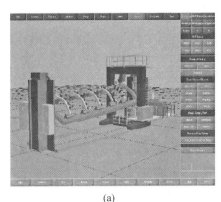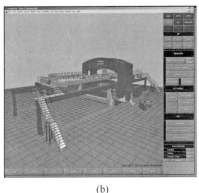

(a)　　　　　　　　　　　　　　　(b)

图 5 - 58　BROTJE 机器的离线编程系统

(a) IPAC 机器　(b) MPAC 机器

5.5.3　自动钻铆系统的能效分析

通常情况一种技术装备具有哪些能力固然非常重要,是选择工艺方法的基础。但是,这种技术装备加工效率到底有多高,却不完全取决于机器的能力,还必须考虑机器的效率,因此,越是专业化水平很高、价值昂贵的设备,越需要考虑技术经济性。要把自动钻铆机的能力发挥好,就必须进行能效分析。

自动钻铆机的机器能力(见图 5 - 59)主要是主机和托架匹配协调后的综合加工能力,取决于主机的尺寸、功率(压铆力)、送钉装置(技术手段和装夹数量)、功能配置、机器的驱动和伺服方式,工作循环周期和选择性,专用配套工具(上下铆砧),最后更为关键的是托架的技术水平和性能(包括控制和操作方式、承载能力、有效加工尺寸、装夹产品的技术手段,以及运动行程和速度)。

自动钻铆机的加工效率(见图 5 - 60)则是由机器能力及其稳定性、工艺方法及其可靠性,以及应用经验积累、综合管理水平(包含人力熟练程度)所决定的,通常情

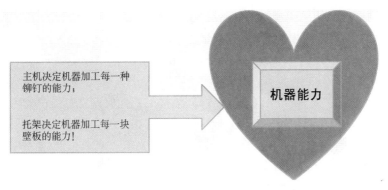

图 5‑59 机器能力

况下每一套机器或者系统都必然存在由这些因素综合决定的效率曲线,对机器加工效率的选择只能找到相对比较稳定的区间,这个加工效率区间是机器发挥出能力优势和效率优势的最佳组合,才能保证机器加工效率的最优化。

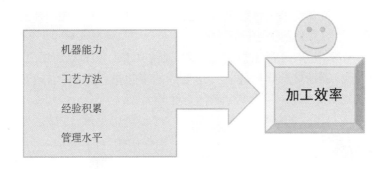

图 5‑60 机器加工效率

　　通常情况下,自动钻铆机的加工能力和使用效率基本上呈负相关的关系,也就是说,机器加工能力(适应能力)越强,使用效率必然越低,这主要是由于如果要机器从一种加工能力调整到另一种加工能力,势必停下机器进行调整,包括刀具更换,上下铆砧甚至压力脚更换,送

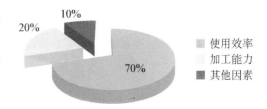

图 5‑61 自动钻铆能效分析加权比

钉装置更换,工艺参数更换,工艺试片重新准备并调试,最严重的情况可能是装夹产品的托框需要更换,这些由于加工能力需要变换而带来的准备时间可能远远超出实际加工产品的有效时间,这对机器使用效率甚至于稳定性都是不利的影响。根据行业的使用经验和初步的统计分析,对于生产主导型的企业,自动钻铆机使用效率权重 70%,加工能力权重 20%,其他因素 10%(见图 5‑61)。

自动钻铆机的使用应遵循效率优先的原则：

（1）当产能与需求发生矛盾时，产量高的优先考虑。

（2）当铆钉型号与需求发生矛盾时，单一铆钉占比大，型号少的产品优先考虑。

（3）当结构工艺性与需求发生矛盾时，结构工艺性典型规范的优先考虑。

（4）当单件加工与成组加工发生矛盾时，成组加工优先考虑。

因此，选择自动钻铆机加工产品，最优方法应为单一或单类产品，铆钉规格单一或者类同，铆钉排列均匀、方向一致，铆钉密度高，并且产量大、节拍快的产品。

5.5.4　自动钻铆系统的典型应用

自动钻铆机最典型的应用就是进行飞机的机身结构中蒙皮与长桁、框缘（也称抗剪角片）之间的自动铆接，机翼结构中翼盒壁板与桁条（也称长桁）、翼肋外缘之间的自动铆接，这两种铆接都与飞机的气动外形有关，以及机身内部的加强隔框结构、地板及大梁结构，机翼内部的翼梁、翼肋结构等，这些内部结构基本上和气动外形无关。因此，通常以气动外形为标准进行分类。

1）涉及外形的自动钻铆

飞机结构非常复杂，外形也是非常复杂，通常有单曲度和双曲度之分，这些都适合于机器铆接，机器铆接的难度随着外形曲度的变化量而增大；也随着连接夹层厚度的变化量而增大，并且外蒙皮厚度越薄难度越大。

这类涉及飞机外形的结构，由于与气动外形密切相关，所以最主要的特点就是埋头铆钉的铆接，其次就是铆接加工点位必须确保法线方向，因此，机器铆接时上工作头（或者叫主工作头）接近性非常好，机器的法向传感器可以很方便准确地探测和调整加工点位周围一小块外形区域的垂直轴线（法线），通过弦平面拟合弧面实现法向调整。对于机翼结构来说，除了这两个特点外，就是铆钉直径和长度在不同的区域有较大的变化，越靠近翼根，铆钉直径越大，长度越长，因为机翼的壁板是变厚度的。

以下这些结构都可以实现机器自动钻铆：

（1）机身壁板组件中的蒙皮与长桁、框缘条（也就是抗剪角片）之间的铆接（见图 5-62 和图 5-63）。

（2）超过 180°的机身半桶段壁板与壁板之间拼接区之间铆接（见图 5-64 和图 5-65）。

（3）机头壁板（双曲度）中蒙皮与长桁、框缘之间的铆接（见图 5-66、图 5-67 和图 5-68）。

（4）机翼（含垂平尾翼）的翼盒壁板与长桁、肋缘条之间的铆接（见图 5-69 和图 5-70）。

（5）机翼壁板拼合区增强连接结构之间的铆接（见图 5-71）。

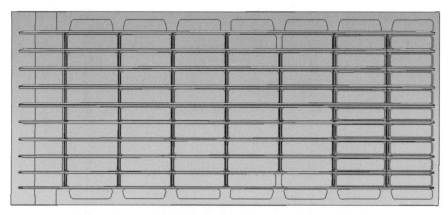

图 5‑62　典型的机身壁板结构数模截图(仰视,仅保留蒙皮、长桁与抗剪角片)(1)

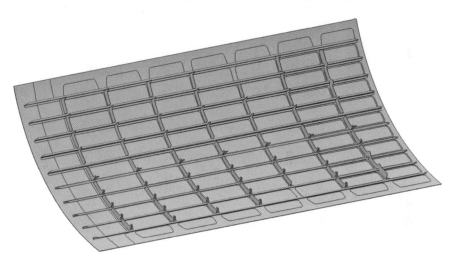

图 5‑63　典型的机身壁板结构数模截图(侧视,仅保留蒙皮、长桁与抗剪角片)(2)

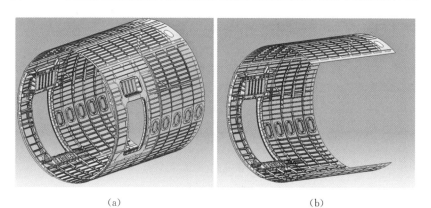

　　　　　　　(a)　　　　　　　　　　　　　(b)

图 5‑64　典型的机身桶段结构数模

(a) 完整桶段　(b) 超级壁板(≥180°以上)

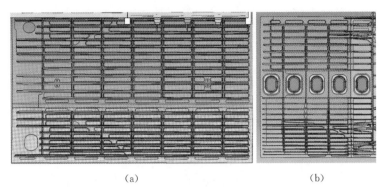

(a)   (b)

图 5 - 65　机身桶段超级壁板拼接区

（a）纵向拼接　（b）横向拼接

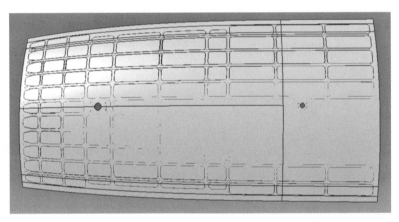

图 5 - 66　典型的机头壁板（双曲度）组件数模顶视图

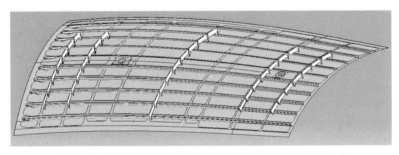

图 5 - 67　典型的机头壁板（双曲度）组件数模侧向外视图

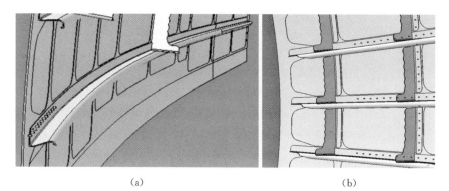

(a)　　　　　　　　　　　　　　　　　　(b)

图 5‑68　典型机头壁板组件局部视图

（a）长桁与蒙皮连接　（b）抗剪角片与蒙皮连接

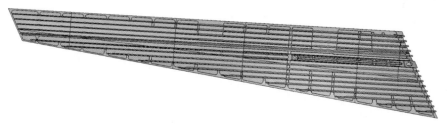

图 5‑69　机翼壁板的典型机构（蒙皮壁板、长桁、壁板拼接区）

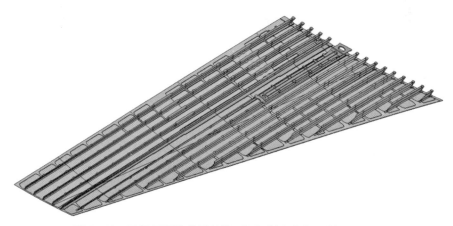

图 5‑70　飞机平尾的典型结构（蒙皮壁板、长桁、壁板拼接区）

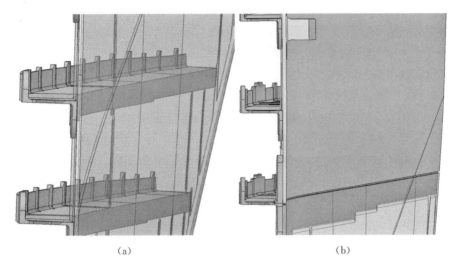

（a）　　　　　　　　　　　　　　　　　（b）

图 5‑71　飞机机翼壁板结构细节

（a）蒙皮与长桁连接　（b）拼接区增强结构

2）非外形的自动钻铆

通常飞机除了外形结构以外就是内部结构，内部结构以平面类的隔框、大梁最为典型，也是最适合于机器自动钻铆的典型结构。飞机的内部结构虽然与外形没有直接关系，但是结构工艺性反而比外形区更加复杂，机器工作头的接近性更差，对机器工作线和压力脚的设计更加特殊，才能满足加工铆接的要求。此外，内部结构通常选择的是凸头铆钉，往往也不需要湿安装，加工时需要把产品钉头的安装面与机器工作线调平，可以借助法向传感器，也可以不需要，毕竟调平的维度比调法的维度少多了。还有，凸头铆钉的特殊性也需要送钉装置的特殊适应性，尤其是插入铆钉的瞬间要求更高，因为不带锪窝的连接孔插入铆钉的难度更大一些。

以下这些结构能够比较方便地采用机器自动钻铆：

（1）机身（含机头）的隔框结构中腹板与框架、加强槽、角材等之间的铆接；

（2）机身地板结构中腹板与地板隔、支撑梁、转接梁、座椅滑轨等之间的铆接；

（3）机翼的大梁结构中腹板与大梁缘条、肋支柱、加强角材等之间的铆接（见图 5‑72、图 5‑73 和图 5‑74）；

（4）机翼的组合肋结构中腹板与外缘条、角材、加强版等之间的铆接（见图 5‑75）；

图 5‑72　机翼大梁的典型结构

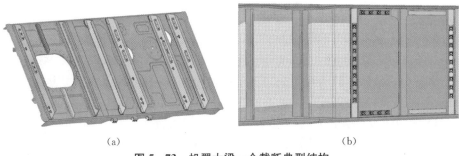

（a）　　　　　　　　　　　　　　　（b）

图 5‑73　机翼大梁一个截断典型结构

（a）腹板与角材　（b）腹板与外缘条

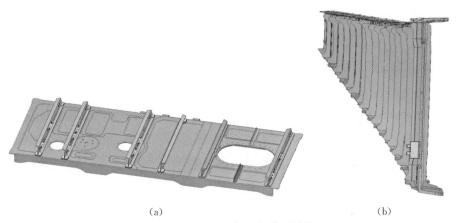

（a）　　　　　　　　　　　　　　　　　（b）

图 5‑74　机翼大梁翼根典型结构

（a）腹板与角材连接　（b）腹板与外缘条连接

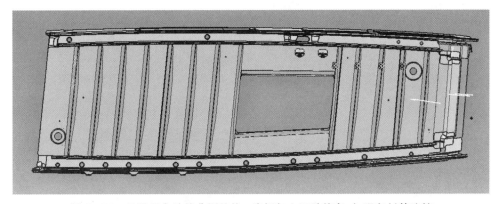

图 5‑75　机翼组合肋的典型结构：腹板与上下肋缘条、加强角材等连接

（5）地板的拼合区结构之间的铆接。

5.5.5　自动钻铆系统的拓展应用

通常认为,自动钻铆机最适于铆接加工平面框梁类组件和壁板类(包括机身和机翼)组件,其实并非如此,随着装备技术本身的发展和创新以及数字化制造技术的支撑,实际上自动钻铆机的加工能力已经有了很大的拓展,几乎飞机结构上的所有部件或者组件,都有可能应用自动钻铆机装配,不仅能够装配机身壁板和桶段,而且可以装配一些非常特殊的部件或者结构,如飞机机头、尾椎、舱门、吊舱唇口、舵面类结构等,如图 5-76 所示。当然,最成熟也是最佳的应用还是飞机机身机翼壁板的装配,现在自动钻铆机已经可以轻松地完成超过 220°的超级壁板[1—7]。

自动钻铆机在机头
装配的应用　　　　　　　　　　　自动钻铆机在尾椎装配的应用

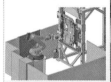

自动钻铆机在门
装配的应用　　　　　　　　自动钻铆机在机身尾段装配的应用

自动钻铆机在舵面装配上的应用　　　自动钻铆机在吊舱唇口　　自动钻铆机在机身隔框
　　　　　　　　　　　　　　　　装配的应用　　　　　　装配的应用

自动钻铆机在货机随机　自动钻铆机在机身地　　自动钻铆机在机身　　内框缘对合装配的应用
梯门装配的应用　　　　板格装配的应用

图 5-76　自动钻铆机拓展应用

参考文献

［1］ 范玉青.现代飞机制造技术［M］.北京：北京航空航天大学出版社,2001.

［2］ 范玉青,梅中义,陶剑.大飞机数字化制造工程［M］.北京：航空工业出版社,2011.

［3］《航空制造工程手册》总编委会.航空制造工程手册(第 2 版)——飞机装配［M］.北京：航空工业出版社,2010.

［4］ 小约翰·D·安德森.飞机：技术发展历程［M］.宋笔锋,译.北京：航空工业出版社,2012.

［5］ 李志强,刘华东.第四届数字化柔性装配技术论坛论文集—装配数字化与自动化技术［C］.北京：国际工业出版社,2013.

［6］ 阿比波夫.飞机制造工艺学［M］.余公藩,译.西安：西北工业大学,1986.

［7］ 航空航天部第六二五研究所.MD－B2 飞机工艺分析［M］.北京：航空工业出版社.

6 民用飞机自动化装配生产线

6.1 民用飞机柔性装配生产线规划

6.1.1 民用飞机柔性生产线介绍

一架性能优越的新型飞机,如众人熟知的波音 B787、空客 A380 等,都是由数以亿计的大小零件在耗费大量的人力、物力、财力的前提下装配而成。严格来说,飞机装配过程就是将大量的飞机零件按图纸、技术条件进行组合、连接的过程。这种过程可简单理解为从零件到组合件、板件,接着到段件,再到部件,最后到整机的装配过程,装配完成后的飞机最终应能满足设计规定的各项性能指标,这包括了空气动力性能、纵向性能、结构强度和耐久性等各方面指标的要求。在飞机的制造工作中,装配工作量占总工作量的 $40\%\sim50\%$,迄今为止,装配技术经历了从最开始的手工装配、半机械自动化装配、机械/自动化装配,一直到今天已被各大航空公司十分重视并纷纷采用的柔性装配的发展历程。

柔性装配技术克服了过去以模拟量协调体系为主的"模线样板法"传统制造模式。它而采用数字量协调体系,通过与自动化钻铆设备、数控机床或激光准直仪等现代化制造加工设备的结合,组成一系列具备了自动化、数字化、集成化和智能化等诸多优点的柔性装配系统,既可满足新机快速研制和多品种小批量生产等多层次市场需求的变化,又降低了费用,缩短生产周期,提高了经济效益和产品质量,已成为 21 世纪制造技术革新的必然之选[1]。图 6-1 为空客 A350 飞机柔性装配生产现场。

一般机械制造中的装配线是指人和机器的有效组合,通过将生产中的输送系统、随行夹具和在线专机、检测设备等进行有机组合,从而满足多品种产品的装配要求,充分体现了设备灵活性。装配生产线的应用,提高了生产效率缩短了制造周期,但自动化生产线的成本较高,主要用于批量生产的行业,如汽车行业。飞机产品型号多、批量少的特点使得飞机装配生产线需要在一般机械产品装配生产线的特点的基础上,具有一定的柔性功能,这样同一生产线既能用于同型号、同批次,又能适用于同型号改进改型系列机型的飞机产品装配,从而满足了装配生产线对产品产量的要求。图 6-2 为天津空客 A320 移动生产线。

飞机柔性装配模式具体表现为:在飞机装配中,以柔性工装为装配定位与夹紧平台,以先进的数控钻铆系统为自动连接设备,以激光跟踪仪等数字化测量装置为在线检测工具,在数字化的装配数据及数控程序的协同驱动下,在集成的柔性装配生产线上完成飞机产品的自动化装配[2]。

图 6-1　空客 A350 飞机柔性装配生产现场

图 6-2　天津空客 A320 移动生产线

6.1.2　飞机柔性生产线规划

目前,国外蓬勃发展的柔性装配技术力求与数字化技术、信息技术相结合,已形成了具备相当规模的自动化装配系统。这套系统更是涵盖了柔性装配工装技术、柔性制孔、虚拟装配仿真平台、数字化检测及激光定位等高新技术。具有代表性的是洛克希德·马丁公司在 F-35 的研制和生产过程中,采用柔性装配技术,应用激光定位和电磁驱动等新技术组成模块化、智能化柔性自动化装配系统,可一次性完成制孔、锪窝、铆接等多项装配工作,极大地提高了该项目的工作效率和整机质量。此外,该公司在对复杂型面的复合材料零件的检测工作中,例如大型油箱、大梁、复合材料进气道、机翼蒙皮等位置,采用了一种先进激光超声检测技术,自动检测的范围近乎 100%,显著提高了生产效率。2015 年,由于欧洲航空巨头空中客车公司采用这种新思想、新技术,开发出具有电磁铆接动力头和行列式高速柱阵的柔性装配工装,历史性地实现了每月生产 38 套机翼,尤其是在机翼翼盒自动装配研究项目中,柔性装配技术更是得以充分应用于该公司所研制的柔性装配单元,可完成测量、定位、夹紧、送料、机器人钻孔等多种复杂工作。

飞机柔性装配生产线大致分为以下几个方面的内容:

(1) 数字化产品设计。面向装配的数字化产品并行设计是建立柔性装配生产线的前提条件,通过将三维制造信息(PMI)与三维设计信息共同定义到产品的三维数字化模型中,使 CAD 和 CAM(加工、装配、测量检验)等实现真正的高度集成,从而为后续实现数字化的工艺设计、装配及检测提供基础和依据。数字化三维装配工艺设计与仿真系统是实现飞机数字化柔性装配模式、构建飞机数字化柔性装配生产线的软件基础,现代飞机整个装配过程都是建立在数字化工艺设计的基础之上的,只有采用基于单一产品三维数字量模型的数字化工艺设计方式,为整个装配过程从源头上提供数字量数据基础,基于数字化装配的柔性装配生产线才有可能真正实现。

(2) 柔性工装设备。该设备包含柔性对接平台、自动化制孔设备及相关辅助设备如 AGV 等。数字化柔性工装系统、先进连接设备及技术、数字化测量检验系统是实现数字化柔性装配生产线的硬件基础。通过数字化装配工艺设计仿真系统得到的数字量数据必须由数字化的工装及设备来执行,才能保证整个装配过程的全数字量传递,从而实现整个装配生产线的数字量协调。数字化的柔性工装实现了装配中飞机零部件的数字化定位,而其柔性可重构功能又使得数字化装配生产线可以用于多个飞机型号,从而降低生产线的成本;先进的数控自动连接设备则实现了装配过程中的数字化、自动化连接,保证了整个装配生产线的自动、高效运行;而数字化测量设备则实现了飞机装配过程中及装配完成后的数字化测量和检验。

(3) 系统集成与管理。数字化柔性装配生产线集成管理系统是支撑数字化柔性装配生产线运行管理的核心,不仅可实现对柔性工装、数字化测量检测设备、制孔和移动运输设备的信息集成管理,而且能够实现对飞机的整个装配过程的实时动态控制。

6.2　民用飞机自动化装配生产线系统

6.2.1　国外民用飞机生产线

第一条现代的飞机移动装配线是波音 B717 总装线。当时认为 B717 是性能很好的支线客机,预测在 20 年内有 3 000 架的市场预期。这使得 B717 具备采用移动式装配的需求,并于 2006 年初建成投产。这条单件流、连续移动式装配线共有 2 个用于机体对接的固定站位和 6 个总装的移动站位。移动式飞机装配的直接效益是将原来需要 20 架在制飞机减少到 8~10 架,并缩短装配周期 50%。在支线客机制造商庞巴迪与巴西航空的竞争下,波音 B717 被迫于 2006 年 5 月停产,B717 飞机共生产了 156 架。移动装配线只运行了很短的时间。但是,移动装配线的成功成为 B717 的重要历史遗产(见图 6 - 3)。波音 B777 的 U 型移动线(见图 6 - 4)从 2006 年开始建设,采用逐步的让每个装配阶段具备移动能力的方式,于 2010 年 1 月实现全线同步移动,标志着全部建成。它被确认为世界最大的集成式移动装配线。正在试生产的波音 B787 梦幻机,也建立了自动化移动装配线[3](见图 6 - 5)。

图 6 - 3　B717 飞机移动装配线

图 6 - 4　B777 飞机 U 型移动线

（a）

（b）

图 6 - 5　B787 飞机自动化移动装配线

空客 A380 飞机为了解决进度和重量问题,其总装线还在不断向移动生产线的方向改进。空客英国公司将机翼生产线改进成脉动式移动生产线(见图 6-6),节省了单通道飞机 10% 的时间和成本。其方法是:机翼慢慢移动通过全过程的 14 个工作站,每 14 h 移动一次,每次移动 7 min,代替工人在厂区内移动。在每个工作站有一个多功能小组进行燃油、电子、液压系统及可动面的安装和测试,包括所有工具和零件在内的"工具包"直接交付给装配线上的功能小组,确保功能小组专心装配工作。在每个工作站上还有交通灯(红、黄、绿)用于跟踪机翼进程。在整个生产线移动前,每个灯必须都是绿的。工作组长可以电话报告一些情况,在工厂的房顶上悬挂有一个电子广告板可以显示生产线还有多长时间将移动[4]。

图 6-6 A380 脉动式移动生产线

6.2.2 飞机柔性生产线内容

构建新一代飞机数字化柔性装配生产线必须包括以下内容:

(1) 面向装配的数字化产品并行设计,为实现柔性装配、敏捷制造提供前提和基础。

(2) 数字化三维装配工艺设计与仿真系统,实现整个装配过程中数字量传递。

(3) 数字化柔性工装系统,实现工装快速响应,快速重构以及数字化定位。

(4) 先进的连接设备及技术(包括柔性制孔技术、自动钻铆技术、电磁铆接技术等),保证装配质量和效率,实现装配过程的自动化。

(5) 数字化测量检验系统,实现装配过程中的精确测量和协调装配,装配完成后的精确检验。

(6) 数字化装配生产线辅助装备及管理,建立数字化柔性装配生产线集成管理系统,实现从产品设计、工艺、装配、检验和现场管理各装配生产环节信息的高度集成和移动生产线的自动配送物流管理。

上述各项内容在实际应用中互相联系、互相支撑,通过将其整合和集成,可构建现代飞机的数字化柔性装配生产线,实现现代飞机产品的数字化、柔性化、自动化装配[2]。

6.3 波音 B737 装配生产线介绍

6.3.1 波音 B737 生产线简介

波音 B737 在 1999 年建成移动生产线后,总装时间由原来的的 22 天减少到 11 天,工作流程产品存货降低 50%,储备存货降低 59%,该生产线以 2 in(50.8 mm)/min 的稳定速度前行,最终将飞机装配时间减少到 8 天。

首次进行 B737 机身结构移动式装配的原理认证,使用完全配套、向工作点配送和看板等方法,缩短生产周期 80%。B737 的总装移动线缩短总装配周期 46%。美国精益航空创新计划(LAI)称 B737 移动线是"精益和高效率生产的模范"(见图 6 - 7)。

图 6 - 7 B737 移动线

6.3.2 波音 B737 生产线特点

(1)一条连续移动的总装生产线将飞机从一个总装小组缓慢地移至另一个总装小组。

(2)在整个装配过程中,飞机始终以平稳的速度移动,便于工人们准确地把握制造流程。

(3)生产线的速度是根据客户的需求来确定的。

(4)部件、工具和设备放在生产线的旁边,方便员工能够在需要的地点和时间得到所需要的一切。

(5)在移动生产线的附近有支援小组为飞机连续移动提供支持。

(6)飞机由带导向的牵引车拉动向前移动[4]。

6.3.3 波音 B737 移动生产线规划实施

波音 B737 移动装配线的建造过程有 9 个步骤：

（1）分析价值流图（value stream mapping，VSM）。价值流图分析是建立移动装配线的总体设计。在建立移动装配线之初，波音公司首先绘制飞机总装的现行价值图，通过分析，消除浪费，并将装配过程的改进纳入，设计出新的价值流图。价值流图 VSM 是国外应用最广的价值流和办公室流程分析和重建的方法，它以简单、直观、半定量化的分析和无限地扩展能力，在广大企业中实地应用，VSM 也是精益企业的基本功。

（2）平衡生产线。按站位、天和班次进行生产线的平衡。从主生产计划 MPS 开始，做到多机种的均衡交付，企业内部和外部供应链的均衡生产。

（3）标准化工作。规范飞机装配每一项作业，乃至动作、时间。没有标准化工作就没有生产的节拍，没有节拍就没有建立移动式装配线的基础。

（4）工作地可视化。由于移动装配线是在车间里移动的，工作地区块线条的可视化就格外重要。车间地面的区划不仅规范了物料存放的位置，还是飞机首尾相接列队移动、供料和补给路线的"交通标志"，成为移动装配线的组成部分之一。现场的双面显示屏或安灯、灯箱，警告消息，同时面向装配线和支持车间。协同的管理信息系统也是不可或缺的，系统实时地对加工或库房的拉动需求、零组件配套需求。作业工人的个性化门户提供作业指导书的无纸化显示、装配过程数据采集、线上每架机的装配进度需求等。

（5）完全配套。完全配套是将指定飞机架次、在各个装配站位（或者装配指令、工序）所需要的物料、工具工装、辅料以及消耗材料一起按照装配顺序摆放在配送箱或配送板上，待需要时一次送上。在移动式装配线上，不允许零件、工具、辅料的分别配送。

（6）建立配送线。配送线将准备好的完全成套件，按指定的架次、在指定的时间、按照规定的路线送到指定的地点。

（7）突破原有流程，重新设计主装配过程。流程的改进和价值流图分析是反复循环进行的。在进行装配线的未来状态设计时，必须有装配过程的改进，才能到达各站位节拍一致，实现同步移动的效果。重新设计装配过程才能大幅度的减少装配周期。在波音 B737 建立移动装配线时所创造了"座椅提升机"等新的工装和作业方式。

（8）形成过渡的"脉动生产线"。移动装配线的有两种移动方式：连续移动和脉动。从机械构造观点，脉动线和连续线各有繁简。从管理角度看，采用连续移动还是脉动不仅是生产效率问题，更重要的是管理水平的适应性问题。脉动和连续移动的差异之一是：脉动可以设定非增值的缓冲时间，当生产管理水平跟不上时，留有一定的间歇等待。发现问题未处理完则不移动,或者留给下一个站位去完成。随着后援的成熟,逐步将脉动节拍加快。可以将脉动式作为一种过渡形式。连续移动和脉动另一个重要差异是直觉的震撼效应不同。移动装配线上首尾相接飞机的移动,让所有在现场的人都直接感觉到移动线承载着整个生产过程的震撼感。工人能够真正地看到和感觉到生产的节拍。工厂中所有的人都随着移动线的节拍不懈怠地工作。

从精益的观点,脉动线作为阶段目标,移动线是最终目标。国外主要飞机制造商对于连续移动和脉动的选择,仍旧在预期产量较大的机型上采用移动式总装配生产线。

（9）形成总装配的移动生产线。最后在全部具备了移动条件后,开动连续移动装配线的作业。在建立移动装配线时,配套和配送是移动的必要条件,起着关键作用。要求是将作业指导书、零件、工具、工作指令都用工具箱配送到装配工人近旁,消除了工人到处找工具材料文件的时间消耗。装配线近旁设置了"月光车间"（生产准备/紧急支援）,包括快速响应的零件返修车间、紧急设备维修、临时工装制造、配套和配送基础设施等。移动装配过程消除了大量的非增值作业,产品在整个装配线的移动过程中每个时刻都是增值的,最大化地减少了装配工时和成本[3]。

6.3.4　波音 B737 移动生产线系统

（1）移载设备。采用前置前驱且前轮转向的三轮飞机移载设备设计,后轮为从动轮,采用 PU 轮。前起落架可进入飞机移载设备内部,可加装前起落架提升机构,具体如图 6-8～图 6-13 所示。

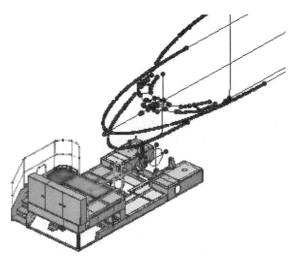

图 6-8　牵引结构方式

图 6 - 9　B737 牵引系统

图 6 - 10　飞机移载设备正面

图 6 - 11　飞机移载设备侧面,移动电源车,前起落架提升机构

图 6‑12 带转向的前驱动轮和引导系统

图 6‑13 移栽设备工作情况

（2）动力源系统（见图 6‑14）。在波音 B737 总装移动生产线中，每一装配站位均配置动力输送装置。动力输送装置是连接生产线与厂区动力源的脐带，为飞机的装配和功能测试提供压缩空气、液压油、电源以及通信等。

动力输送装置

图 6-14　B737 动力源装置

6.4　C919 装配生产线介绍

6.4.1　C919 装配生产线规划

2009 年,大型客机 C919 研制工作已全面展开,中国大型飞机的研制进入一个崭新的阶段。实现了民机机体结构装配工艺流程的数字化、自动化、智能化设计;集成研制了自动化钻铆设备、机身大部件自动调姿装配系统、自动导引运输系统(AGV)、柔性工装等自动化/智能化装备。C919 大型客机平尾、中央翼、中机身、全机对接及总装移动生产线,建成以自动化、数字化、智能化装配及管理为特征的机体部装、总装数字化车间。

C919 大型客机部装数字化车间包含 4 个区域,平尾装配、与中央翼装配工作内容相对独立,中央翼装配完成后送入中机身装配区域,中机身装配和平尾装配完成后送入全机对接区域,如图 6-15 所示。

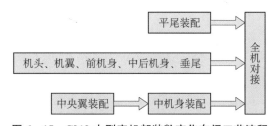

图 6-15　C919 大型客机部装数字化车间工艺流程

C919 大型客机总装移动车间的飞机进入总装移动生产线前，所有结构件已安装完毕(含无线电支架，不含雷达罩)。机头完成部分系统件填充；机翼完成部分系统件以及活动面安装；平尾、垂尾完成系统件以及活动面安装。大客总装移动生产线主要工位包含：机身内部系统件安装、电缆导通/分系统调试、机载设备的安装、最终功能试验和内饰系统安装，总装移动工艺流程如图 6-16 所示。

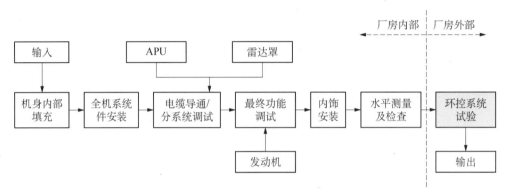

图 6-16　总装移动工艺流程

6.4.2　C919 部装数字化车间建设

C919 飞机部装车间的 4 条生产线水平尾翼、中央翼、中机身及全机对接生产线均采用了自动化设备及柔性工装。

1) 平尾柔性装配生产线

C919 飞机水平尾翼装配生产线完成平尾组件装配、安装、对接以及相关系统件支架的安装。共分 13 个站位，采用了自动化制孔、自动化钻铆、大部件自动调姿对接、柔性工装装配、AGV 自动运输、ADU 自动制孔、激光跟踪仪等智能化、自动化技术与装备。实现了水平尾翼装配制孔、涂胶、抽心钉选送钉和施铆、更换加工刀具、冷却与吸屑的智能化和自动化，基于 AGV 的装配部件转站运输自动化，基于激光跟踪仪的关键装配特性在线检测及分析，使用柔性工装实现产品下架自动翻转，两个平尾外伸段的自动调姿对合装配，各自动化设备均具备离线编程功能。

2) 中央翼柔性装配生产线

C919 中央翼装配生产线完成中央翼组件装配。共分为 7 个站位，采用了自动化制孔、柔性工装装配、AGV 自动运输、ADU 自动制孔、激光跟踪仪等智能化、自动化技术与装备。实现了中央翼装配制孔、更换加工刀具、冷却与吸屑的智能化和自动化，基于 AGV 的装配部件转站运输自动化，基于激光跟踪仪的关键装配特性在线检测及分析，使用柔性工装实现产品下架自动翻转，各自动化设备均具备离线编程功能。

3）中机身柔性装配生产线

C919 飞机中机身装配生产线完成机身壁板组件、地板组件、龙骨梁组件、机身框以及其他组件的次级装配及中机身总装站位的装配工作。共分 9 个站位,生产线设计兼顾 20 架/年和 100 架/年的过渡需求。采用了 NC 控制的自动钻铆机（MPAC）、自动定位系统、柔性工装装配、AGV 自动运输、ADU 自动制孔、激光跟踪仪等智能化、自动化技术与装备。实现了中机身装配压紧、制孔及锪窝、密封、插钉并完成铆接、更换加工刀具、冷却与吸屑的智能化和自动化,基于 AGV 的装配部件转站运输自动化,基于激光跟踪仪的关键装配特性在线检测及分析,使用自动化定位系统实现产品的自动化定位,各自动化设备均具备离线编程功能。

4）全机对接柔性装配生产线

机身及全机对接生产线共分 5 个站位,其中 1、2 站位主要完成机头、机翼的附件安装工作,主体是用于辅助操作的柔性工装,该部分为自制。3、4、5 站位完成中后机身后段和后机身、机身成龙、翼身对接的对接装配工作。工装主要分定位系统和柔性工装。定位系统同激光测量系统集成,用于飞机各大部段的自动测量、调姿、对接。

（1）MBD 并行设计。C919 飞机的研制采用 MBD 技术,工程设计部门不再给出工程图纸,而是定义一个 MBD 模型作为下游制造和检验的统一依据。建立面向三维数字化工艺设计和应用的一体化的集成体系,以适应 MBD 应用技术对工艺设计带来的工作环境和工作方法上的变化。引入、定制或开发一批数字化工艺的设计工具和支撑环境,实现工艺文件的创建、编辑和现场应用满足全数字量传递的要求。使用数字化辅助工艺设计和分析工具（包括协调准确度计算、装配过程仿真分析等工具）,结合基于模型定义的技术,实现在产品数据发放之前的数字化制造仿真和验证工作,实现设计产品的可制造性和协调准确度的提升。借助数字化管理平台的升级和部署,实现大客生产过程中信息传递的全数字化,理顺并调整全三维定义环境下的工艺设计、工装设计、制造、检验的工作和信息流程,是实现数字化柔性装配生产线的软件基础。

（2）自动钻铆系统。自动化装配技术已成为现代大型民用飞机提高机体结构寿命、提高飞机生产效率的重要技术支撑,面向长寿命连接的自动钻铆系统是其核心技术。自动钻铆技术是指在装配过程中自动完成装配件的定位、夹紧、钻孔/锪窝、涂胶、送钉、铆接/安装等工作的过程。自动钻铆系统主要包括自动钻铆机和托架两部分。托架系统用来进行装配件的定位和夹持;自动钻铆机用于完成制孔、铆接和双件紧固件（如螺栓、环槽钉）安装等工作。当前,飞机自动钻铆系统主要由 3 种典型形式:基于全自动托架的自动钻铆系统（包括 C 型和 D 型钻铆系统）、龙门式自动钻铆系统（包括龙门卧式、龙门立式钻铆系统、机身半筒段环铆系统）和内外双机器人筒段钻铆系统。

　　C919 装配生产线中的自动钻铆系统结合平尾、中央翼、中机身部件的不同结构特点及装配工艺流程要求,采用一台虚拟五轴自动制孔系统(见图 6 - 17)对平尾外伸盒段进行自动制孔、一台虚拟五轴自动钻铆系统对平尾升降舵及外伸盒段对接区进行自动制孔和铆接、一台虚拟五轴自动制孔系统对中央翼壁板及总装对接区进行自动制孔、一台龙门式自动钻铆系统(MPAC)对中机身壁板装配进行自动制孔(见图 6 - 18)。

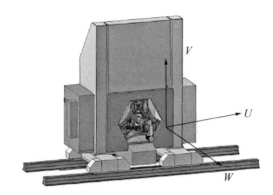

图 6 - 17　虚拟五轴自动钻铆系统

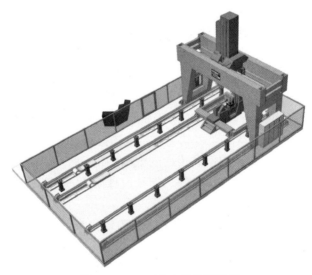

图 6 - 18　MPAC 自动钻铆设备

　　(3) 柔性工装系统。柔性工装是基于计算机数字信息处理平台,能适应快速研制和生产制造要求的技术和装备。作为一门技术,能快速适应被制造件的尺寸规格、生产批量、装配工艺和场地及时间变化,实现快速装配;作为一种装备,能保证装配质量、提高生产效率、突破传统工装的客观限制、通过工装自身结构的重组变形满足同系列产品生产制造不同功能要求,以此降低产品研发制造成本,减少占地面积和缩短生产准备周期。

C919 客机中主要引入了分散式技术柔性装配工装,可对各机体零、组件稳定支撑,实现空间六自由度调整,单轴定位精度优于 0.1mm,力传感器精度优于 5kg 或量程的 1%。如图 6-19 所示的机身柔性工装。具备以下特点:

a. 快速重构功能使飞机装配工装的设计制造等准备,周期大大缩短,提高了工装快速响应产品变化能力;

b. "一架多用"功能大幅度减少了工装数量及工装存储占地面积和工装设计制造成本;

c. 采用数字化工装驱动数据,结合先进数字控制技术,实现了飞机装配工装的数字化定位,改变了传统工装模拟量定位方式,提高了工装的定位准确度;

d. 具备数字控制调形重构功能使工装重构前后具有基本相同的定位精度,保证了装配工装的协调性。

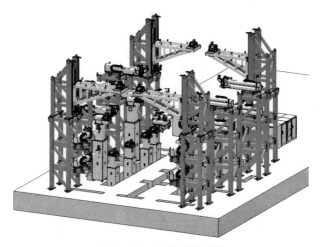

图 6-19 机身柔性工装

(4) 数字化测量系统(见图 6-20)。使用 AT901B 型 Leica 的激光跟踪仪,测量范围不少于 30m,测量误差不超过 0.005mm/1000mm,搭载 SA(空间分析仪)测量软件组成数字化测量系统实现自动测量。在外伸段与中央盒段对接实现外伸段姿态的在线实时测量,将测量数据传递给控制系统;测量数据能与 CATIA V5R18 数模交互;测量数据实时保存。

(5) AGV 运输系统(见图 6-21)。C919 生产线中引入 AGV 设备进行物流运输。具备万向运动功能,可以沿水平面上的任一指定方向运动,运动灵活、精度高;自动基准位置检测及定位,通过图像识别对设定的位置基准色带进行高精度识别,并进行最佳拟合计算,精确定位自身在装配站位中的位置;智能防碰撞功能,通过位

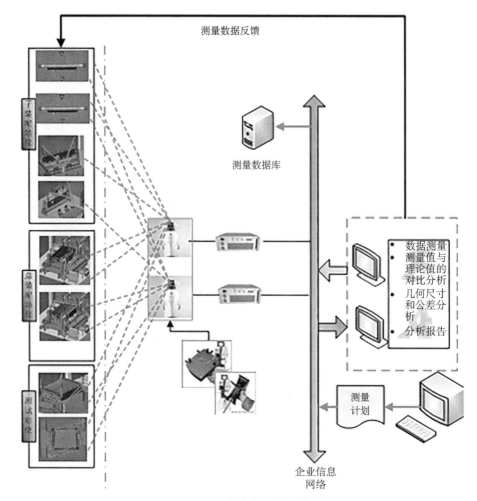

图 6‑20　数字化测量系统

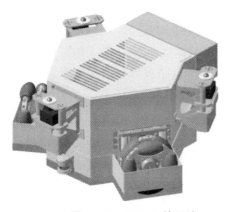

图 6‑21　AGV 运输系统

置传感器,自动感应与周围环境物体的距离,计算安全距离,进行避障运动或报警;自动导引运输,按照设定好的路径,进行自主的运动;也可对铺设好的导引色带进行扫描,沿色带进行运动。

6.4.3　C919 总装移动生产线建设

移动生产线接受控制中心的指令,按工艺设定的要求,以一定的速度、按一定的行经路线,依次经过各个装配工作站,让每一个站位的工人在规定时间内完成所规定的装配或检测工作。

移动生产线满足 100 架/年的产能要求,总装移动生产线的工作内容包括机身内部填充、全机系统件安装、电缆导通/分系统测试、最终功能试验、内饰系统安装以及水平测量和客户检查等。图 6-22 为 C919 总装生产线。

图 6-22　C919 总装生产线

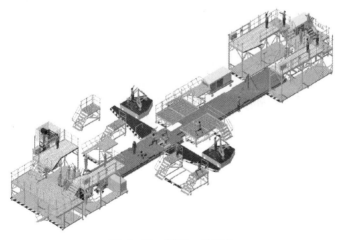

图 6-23　装配工作平台

生产线主要包含导引驱动系统、机体承载系统、动力源(气、电、液)的传导部分、装配工作平台(见图 6-23)、安全监控系统、控制系统软件及与制造执行系统(MES)的集成接口等。整条移动生产线采用导引驱动系统牵引机体承载系统,带动飞机和工装沿预定路线行进,完成飞机的总装生产任务。采用地上与地下相结合的方式提供生产线的能源供给,并配备生产控制系统以及全程在线安全监控系统,保证生产线稳定可控。

(1) 导引驱动系统。大尺寸、大承载移载牵引设备由车体框架、驱动转向机构、飞机前轮支撑抱升组件等组成(见图 6‑24)。采用三轮 FF 结构即前轮驱动前轮转向,两后轮为从动轮。因后轮为从动轮,无须排布传动机构,尾部车身能做得很低,结构紧凑。

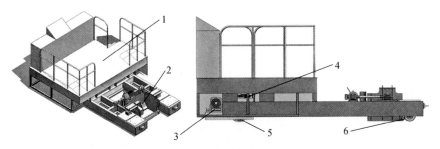

图 6‑24 牵引设备结构

1—车身;2—前轮支撑抱升组件;3—行驶机构;4—转向机构;5—前轮;6—后轮

驱动装置由伺服电机、减速器、链轮、轮轴和驱动轮等组成,安装在牵引转向框架上,可无级调速,带负载移载 0~60 mm/min、空载拖运 0~30 m/min。转向装置由伺服电机、减速器、齿轮和回转支承等组成,两接近开关控制极限转向角度,可根据实际情况自由调节。

前轮支撑抱升组件装配在底盘支架上,由抱升前托架、抱升框架、销、双出轴机、升降机、联轴器、换向器、连接轴和滑动导轨等组成,安装在车架后部。可上下移动。

车体的前方及左右侧方分别设置有超声波传感器,还安装有视觉导航装置、防撞保护装置、手动操作盘、蓄电池、电气控制系统。

(2) 机体承载系统。机体承载系统(见图 6‑25)主要用于承载整架飞机,配合导引驱动系统,实现生产线的移动。同时,应满足在飞机底部工作的需要。

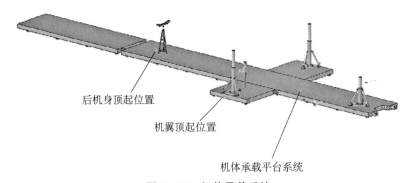

后机身顶起位置

机翼顶起位置

机体承载平台系统

图 6‑25 机体承载系统

机体承载系统具有良好的强度和刚性,可支撑整架飞机的重量,约 50 t;按需配置齐全各种管线,把动力输送到导引驱动系统以及相应的工装;配备与动力源系统输出端相匹配的快卸插头,可实现动力源快速连接和拆卸;配置可与工装及电源车、液压油车等设备的快速拆装的刚性连接结构,以便拖动平台同步运动;液压自动控制千斤顶系统,为三自由度可调;满足在飞机底部工作的功能需求,包括工装和相应的照明;考虑飞机顶起和着地两种状态;配备接地线实现飞机产品接地功能;当完成安装、测试工作后,可快速返回指定工位。

　　(3)动力源系统。在总装移动生产线中,每一装配站位均配置动力输送装置(见图 6-26)。动力输送装置是连接生产线与厂区动力源的脐带,为飞机的装配和功能测试提供压缩空气、液压油、电源以及通信等。

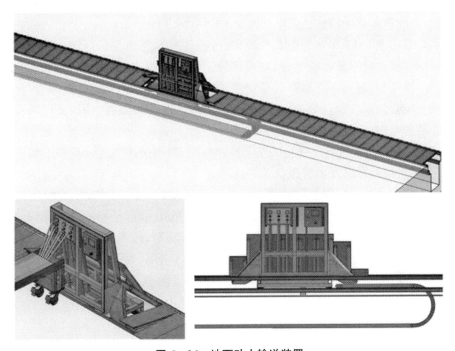

图 6-26　地下动力输送装置

　　移动生产线中,所有的设备都一直在移动,就要求动力输送也要与生产线同步移动。每个工位按需配置动力源,给飞机的装配和测试提供压缩空气、液压、电力等能源的供应;气源、(220 V 和 380 V)电源、网线采用地下式,各种管线按照生产需要制订流量和尺寸,安装在地下通道内,并带有满足承载要求的柔性盖板;各管线接口实现集成,带各种动力快卸接头,随移动线同步运动;动力接头和机体承载系统连接,将动力输送到各工装;管路和线缆在地下铺设槽架内运动灵活,具有良好的柔性并带保护功能,结构合理;便于日常维护、检修,以及功能检测;动力源接头装置应具有安全电气保护器,具有自动复位功能。

　　(4)生产线控制系统。生产线控制系统包括总控制器和分控制器,对生产线上运行的设备状态进行有效控制。

生产线控制系统兼顾有线和无线连接方式,与导引驱动系统、工装等进行通信,在主机显示屏上实时显示设备和工装位置、状态等信息;每个工位均带有触屏显示终端,显示各工位和整条移动线的工作状态;指令信息从控制主机通过网络不间断地传到操作子系统,进行控制;总控制器具有可视化菜单,通过显示屏可实时显示出每个系统的当前状态,以及调用和检测历史数据或工况;所有的数据和信息都储存在主机里,如果单个工位的工控机视屏产生故障不会影响整线的工作;每个工位和系统必须和主机保持不间断的通信联系,如果通信中断,则系统会自动停机以保证安全;每个工位的显示终端均可发出紧急停线信号。在信号解开后,必须每站检验无误后,方能重新启动以保证安全。

系统采用 WINDOWS 的中文系统平台,操作控制界面友好,易于操作;控制系统具备用户登录权限分级功能,即对用户设定权限,不同权限的人员对系统进行不同级别的操作和维护;系统运行具有记录功能可记录系统所有的运行细节,包括某一时段各设备位置、执行状态等。既可追查间歇性设备故障的原因,又可实现对设备的管理和监控;此外,系统具有抗干扰能力。

(5) 安全监控系统。可视化的安全监控系统,对整条生产线设备和工装进行实时监控,在出现异常时发出警报。

该系统应具有人身安全防护装置及紧急停机按钮;遇突发情况,应具备可靠的数据保护;安全监控系统应能发出声光警报、自动停机,故障排除后能确保快速回到中断点恢复作业;电缆、管道应有可靠的保护,安装牢靠;各主要活动电缆、接口等部件具备防护罩或防尘罩;工装的安全监控系统;与导引驱动系统的监控集成、联网;飞机本体和装配工作平台安全接地情况可视化。

参考文献

[1] 周秋忠. MBD 技术在大型飞机数字化装配中的应用研究[D]. 北京:北京航空航天大学,2009.
[2] 郭具涛,梅中义. 基于 MBD 的飞机数字化装配工艺设计及应用[D]. 北京:北京航空航天大学,2012.
[3] 于飞. 机翼装配工艺规划及仿真技术研究[D]. 西安:西安工业大学,2014.
[4] 梁涛. 飞机柔性装配误差累积与容差分析技术研究[D]. 沈阳:沈阳航空航天大学,2012.
[5] 朱兴磊. 基于 DELMIA 的飞机装配容差分析技术[D]. 南京:南京航空航天大学,2012.
[6] 张尧. 某型飞机尾段装配工艺性及容差分析研究[D]. 沈阳:沈阳航空航天大学,2013.
[7] 唐水龙,卢鹄. 飞机装配数字化协调与模拟量协调的对比分析[J]. 航空制造技术,2012(10),26-29.
[8] 池新. 某型飞机中央翼模拟量与数字量协调装配技术研究[D]. 哈尔滨:哈尔滨工业大学,2014.
[9] 巩玉强. 基于 MBD 的飞机三维数字化装配工艺设计与应用[J]. 制造业自动化,2014,36

(11),103-107.

[10] 景武,赵所,刘春晓.基于 DELMIA 的飞机三维装配工艺设计与仿真[J].航空制造技术,
2012(12),80-86.

[11] 徐庆泽,王征,蔡晋.面向航空产品的装配工艺规划技术研究[J].航空科学技术,2014,25
(05):57-62.

[12] 高平.柔性装配制孔设备加工仿真平台的研究[D].沈阳:沈阳航空航天大学,2012.

[13] 袁立.现代飞机数字化柔性装配生产线[J].航空科学技术,2011(5):1-4.

[14] 陈绍文,王舸,孙珞珈.精益制造和飞机移动式装配线[J].航空科学技术,2011(16),34-37.

[15] 许国康.飞机总装移动生产线技术[J].航空制造技术,2008(20):40-43.

索　引

大飞机出版工程
书　目

一期书目（已出版）

《超声速飞机空气动力学和飞行力学》（俄译中）

《大型客机计算流体力学应用与发展》

《民用飞机总体设计》

《飞机飞行手册》（英译中）

《运输类飞机的空气动力设计》（英译中）

《雅克-42M 和雅克-242 飞机草图设计》（俄译中）

《飞机气动弹性力学和载荷导论》（英译中）

《飞机推进》（英译中）

《飞机燃油系统》（英译中）

《全球航空业》（英译中）

《航空发展的历程与真相》（英译中）

二期书目（已出版）

《大型客机设计制造与使用经济性研究》

《飞机电气和电子系统——原理、维护和使用》（英译中）

《民用飞机航空电子系统》

《非线性有限元及其在飞机结构设计中的应用》

《民用飞机复合材料结构设计与验证》

《飞机复合材料结构设计与分析》（英译中）

《飞机复合材料结构强度分析》

《复合材料飞机结构强度设计与验证概论》

《复合材料连接》

《飞机结构设计与强度计算》

三期书目（已出版）

《适航理念与原则》

《适航性：航空器合格审定导论》（译著）

《民用飞机系统安全性设计与评估技术概论》

《民用航空器噪声合格审定概论》

《机载软件研制流程最佳实践》

《民用飞机金属结构耐久性与损伤容限设计》

《机载软件适航标准 DO-178B/C 研究》

《运输类飞机合格审定飞行试验指南》（编译）

《民用飞机复合材料结构适航验证概论》

《民用运输类飞机驾驶舱人为因素设计原则》

四期书目（已出版）

《航空燃气涡轮发动机工作原理及性能》

《航空发动机结构强度设计问题》

《航空燃气轮机涡轮气体动力学：流动机理及气动设计》

《先进燃气轮机燃烧室设计研发》

《航空燃气涡轮发动机控制》

《航空涡轮风扇发动机试验技术与方法》

《航空压气机气动热力学理论与应用》

《燃气涡轮发动机性能》（译著）

《航空发动机进排气系统气动热力学》

《燃气涡轮推进系统》（译著）

五期书目（已出版）

《民机飞行控制系统设计的理论与方法》

《现代飞机飞行控制系统工程》

《民机导航系统》

《民机液压系统》

《民机供电系统》

《民机传感器系统》

《飞行仿真技术》

《民机飞控系统适航性设计与验证》

《大型运输机飞行控制系统试验技术》

《飞控系统设计和实现中的问题》（译著）

六期书目（已出版）

《航空发动机高温合金大型铸件精密成型技术》

《民用飞机构件先进成形技术》

《民用飞机构件数控加工技术》

《民用飞机热表特种工艺技术》

《民用飞机自动化装配系统与装备》

《飞机材料与结构检测技术》

《民用飞机复合材料结构制造技术》

《复合材料连接技术》

《先进复合材料的制造工艺》(译著)

《聚合物基复合材料:结构材料表征指南(国际同步版)》(译著)

《聚合物基复合材料:材料性能(国际同步版)》(译著)

《聚合物基复合材料:材料应用、设计和分析(国际同步版)》(译著)

《金属基复合材料(国际同步版)》(译著)

《复合材料夹层结构(国际同步版)》(译著)

《夹层结构手册》(译著)

《ASTM D 30 复合材料试验标准》(译著)

《飞机喷管的理论与实践》(译著)

《大飞机飞行控制律的原理与应用》(译著)

七期书目

《民机航空电子系统综合化原理与技术》

《民用飞机飞行管理系统》

《民用飞机驾驶舱显示与控制系统》

《民用飞机机载总线与网络》

《航空电子软件工程》

《航空电子硬件工程技术》

《民用飞机无线电通信导航监视系统》

《综合环境监视系统》

《民用飞机维护与健康管理系统》

《航空电子适航性设计技术与管理》

《民用飞机客舱与信息系统》